SYSTÈME ANALYTIQUE

DES

CONNAISSANCES POSITIVES

DE L'HOMME.

On trouve chez le même Libraire :

LAMARCK. Philosophie zoologique, ou Exposition des considérations relatives à l'Histoire naturelle des animaux ; à la diversité de leur organisation et des facultés qu'ils en obtiennent ; aux causes physiques qui maintiennent en eux la vie, et donnent lieu aux mouvemens qu'ils exécutent ; enfin à celles qui produisent les unes le sentiment, et les autres l'intelligence de ceux qui en sont doués. Nouvelle édition. Paris, 1830, 2 vol. in-8°. 12 fr.

LAMARCK. Extrait du Cours de Zoologie du Muséum d'histoire naturelle sur les animaux sans vertèbres, présentant la distribution et la classification de ces animaux, les caractères des principales divisions. Paris, 1812, in-8°. 2 fr. 50 c.

— Mémoire sur les fossiles des environs de Paris, comprenant la détermination des espèces qui appartiennent aux animaux marins sans vertèbres, et dont la plupart sont figurés dans la collection du Muséum. Paris, 1830, in-4°. 10 fr.

BRIÈRE DE BOISMONT. Traité élémentaire d'anatomie, contenant, 1° les préparations ; 2° l'anatomie descriptive ; 3° les principales régions du corps humain, avec des notes extraites du cours de M. Blandin. Paris, 1827, 1 fort vol. in-8°. 8 fr. 50 c.

BLANDIN. Anatomie topographique, ou Anatomie des régions, considérée spécialement dans ses rapports avec la chirurgie et la médecine opératoire. Paris, 1826, in-8°, et atlas in-fol. de 12 planches. 16 fr.

BOURDON. Principes de Physiologie médicale. Paris, 1828, 2 vol. in-8°. 12 fr.

— Principes de Physiologie comparée, ou Histoire des phénomènes de la vie dans tous les êtres qui en sont doués, depuis les plantes jusqu'aux animaux les plus complexes. Paris, 1830, 2 vol. in-8°.

GALL. Sur les fonctions du cerveau, et sur celles de chacune de ses parties, avec des observations sur la possibilité de reconnaître les instincts, les penchans, les talens ou les dispositions morales et intellectuelles des hommes et des animaux, par la configuration de leur cerveau et de leur tête. Paris, 1825, 6 vol. in-8°. 42 fr.

GEOFFROY SAINT-HILAIRE. Philosophie anatomique, t. 1er. *Des Organes respiratoires*, etc. Paris, 1818, in-8°, et atlas in-4°, br. 10 fr.

— Philosophie anatomique. *Monstruosités humaines*, t. 2. Paris, 1823, in-8°, atlas in-4°. 12 fr.

JOBERT. Traité théorique et pratique des maladies chirurgicales du canal intestinal, *ouvrage couronné par l'Institut royal de France en* 1829. Paris, 1819, 2 vol. in-8°. 12 fr.

MANEC. Recherches anatomico-pathologiques sur la hernie crurale. Paris, 1826, in-4°, fig. 2 fr. 50 c.

— Anatomie analytique. Tableau représentant l'axe spinal chez l'homme, avec l'origine et les premières divisions des nerfs qui en partent. Paris, 1827, grand in-fol. 4 fr. 50 c.

— Anatomie analytique, représentant le nerf grand sympathique. Paris, 1829, in-fol. 6 fr. 50 c.

— Le même colorié. 13 fr.

IMPRIMERIE DE Ve THUAU.

SYSTÈME ANALYTIQUE

DES

CONNAISSANCES POSITIVES

DE L'HOMME,

RESTREINTES A CELLES QUI PROVIENNENT DIRECTEMENT OU INDIRECTEMENT DE L'OBSERVATION.

PAR M. LE CHEVALIER DE LAMARCK,

Membre de l'Académie royale des Sciences de Paris, de la Légion d'Honneur, et de plusieurs Sociétés savantes de l'Europe, professeur de Zoologie au Muséum d'Histoire naturelle.

PARIS,

J.-B. BAILLIÈRE,

LIBRAIRE DE L'ACADÉMIE ROYALE DE MÉDECINE,

Rue de l'Ecole-de-Médecine, n° 13 *bis*.

LONDRES, MÊME MAISON, 3 BEDFORD STREET, BEDFORD SQUARE;

BRUXELLES, AU DÉPÔT DE LA LIBRAIRIE MÉDICALE FRANÇAISE.

1830.

SYSTÈME ANALYTIQUE

DES

CONNAISSANCES POSITIVES

DE L'HOMME,

Restreintes à celles qui proviennent directement ou indirectement de l'observation.

DISCOURS PRÉLIMINAIRE.

PERSUADÉ qu'en toute chose la vérité est bonne, importante même à connaître, j'ai désiré de me livrer à sa recherche, du moins à celle des vérités auxquelles il me serait possible de parvenir, et de m'attacher principalement aux plus générales, toutes les autres en étant dépendantes. Mais considérant que, dès notre bas âge, c'est-à-dire, aux époques où nous recevons nos premières idées, et où nous ne jugeons nous-mêmes que les objets qui affectent nos sens, l'on nous habitue à nous reposer entièrement sur le jugement des autres, à l'égard de grandes questions qui doivent influer à l'avenir sur nos raisonnemens, j'ai reconnu qu'il était d'autant plus difficile de réussir dans le projet de mes recherches que, parmi les pensées qui m'avaient été inspirées, il pouvait s'en trouver qui fussent dépourvues de fondement solide. Voulant donc agir ultérieurement, afin de savoir à quoi m'en tenir, voici le parti que j'ai cru devoir prendre : je me suis livré constamment à l'observation des faits, et me suis ensuite efforcé de rassembler tous ceux qui avaient été constatés par d'autres observateurs. Alors, faisant provisoirement abstraction de mes pensées et de toute opinion admise à l'égard des sujets que je considérais, j'ai long-temps examiné tous les faits parvenus à ma connaissance ; j'en ai tiré des conséquences, les unes générales, les autres plus particulières et progressivement dépendantes ; et j'en ai formé une théorie dont je présente ici les principes qui la fondent. A son égard, j'ai fait les plus grands efforts pour éviter un écueil contre lequel bien d'autres théories et nos raisonnemens divers viennent fréquemment échouer. Cet écueil consiste dans leur base trop souvent mal assurée, et sur laquelle néanmoins, sans la considérer désormais, on construit ensuite avec confiance. L'observation étant celle sur laquelle tout repose dans mon ouvrage, il me paraît difficile qu'on puisse en avoir une meilleure.

Je n'entends pas infirmer les opinions que j'ai mises à l'écart; mais comme la plupart me paraissent incompatibles avec les conséquences auxquelles je suis arrivé, j'offre ici simplement l'ensemble de ces conséquences, le donnant pour ce qu'il peut valoir. Tout ce que je puis dire, c'est que, si ces conséquences sont aussi fondées qu'elles me le paraissent, les opinions qu'elles repoussent sont toutes erronées, et que, s'il en est autrement, ma théorie doit être rejetée toute entière, comme étant sans fondement. Cependant, tant qu'une démonstration rigoureuse ne prononcera pas sur son exclusion, j'en suivrai les principes, ne me permettant point de blâmer ceux qui croiront devoir ne les point admettre.

Ayant une longue habitude de méditer sur les faits observés, ces principes ont obtenu toute ma confiance et ont dirigé toutes les considérations éparses dans mes divers ouvrages. Néanmoins, quoique je sois persuadé qu'aucun autre ne pourrait mieux offrir leur ensemble, dans un cadre convenablement resserré, je ne me proposai nullement d'exécuter ce travail. Mais une circonstance malheureuse m'ayant subitement privé de la vue et interrompu le cours de mes observations sur les objets qui appartiennent à mon *Histoire naturelle des animaux sans vertèbres*, j'ai dicté rapidement l'esquisse de ces principes. Je les crois propres à fournir des sujets importans à la méditation de ceux qui sont dans le cas de pouvoir s'y intéresser. Mes points de départ surtout sont de la solidité la plus évidente, et me paraissent à l'abri de toute contestation raisonnable. S'il en est ainsi, leur considération est de la plus haute importance, et décide clairement sur la valeur des conséquences que j'ai à énoncer. Pour les amener, je dois présenter d'abord les considérations suivantes.

Plus l'homme s'éclaire, plus il sent le tort que l'erreur peut lui causer, et plus les vérités qu'il découvre acquièrent de prix à ses yeux. Il reconnaît donc l'utilité et même la nécessité, pour lui, de remonter jusqu'à la source de ses connaissances, afin de s'assurer de leur solidité, et de ne confondre nulle part les faits positifs d'observations, ainsi que les conséquences forcées qui s'en déduisent, avec les suppositions et les présomptions que son imagination peut lui suggérer.

Quant à la théorie que je me suis formée, je puis montrer qu'elle repose sur un ordre de *vérités* dont les premières sont et seront exclusivement les bases de toutes celles qui intéressent l'homme le plus directement, et auxquelles il peut atteindre. Leur force est telle, et leur évidence si manifeste, qu'elles seront à jamais l'écueil de toute pensée, comme de tout système ou hypothèse qui s'en écarterait en la moindre chose.

Ainsi comme cette théorie peut servir, soit à diriger nos raisonnemens, soit à limiter les élémens qui doivent en faire partie, nous allons d'abord présenter les principes qui la fondent; nous distinguerons ensuite les objets nécessairement créés de ceux qui sont évidemment produits; et, les examinant successivement, nous terminerons par faire l'application des considérations qu'ils nous auront suggérées, à l'homme, à son état, à ce qu'il tient de la nature, et à la source de ses actions, dans les diverses circons tances où il se rencontre.

Le manuscrit de ce petit ouvrage était presque terminé, lorsque je jugeai à propos d'y placer quelques articles tels que je les avais insérés dans le *Nouveau Dictionnaire d'Histoire Naturelle*, édition de Deterville. Le Lecteur les retrouvera ici rangés dans leur ordre naturel.

PRINCIPES PRIMORDIAUX.

TOUTES les connaissances solides que l'homme peut parvenir à se procurer, prennent uniquement leur source dans l'observation. Les unes sont le produit de celle qui est directe; les autres résultent des conséquences justes qui sont dans le cas d'en être déduites. Hors de cette catégorie, tout ce que l'homme peut penser ne provient que de son imagination.

Parmi les conséquences qu'il a su tirer de ses observations, l'une d'elles lui a inspiré la plus grande de ses pensées. Effectivement, étant le seul des êtres de notre globe qui ait la faculté d'observer la nature et de considérer son pouvoir sur les corps, ainsi que les lois constantes par lesquelles elle régit tous les mouvemens, tous les changemens qu'on leur observe, les actions même que certains d'entre eux exécutent, il est aussi le seul qui ait senti la nécessité de reconnaître une cause supérieure et unique, créatrice de l'ordre de choses admirable qui existe. Il parvint donc à élever sa pensée jusqu'à l'*Auteur suprême* de tout ce qui est.

De l'Être suprême dont je viens de parler, de DIEU enfin, à qui l'infini en tout paraît convenir, l'homme a donc conçu une idée indirecte, mais réelle, d'après la conséquence nécessaire de ses observations. Par la même voie, il s'en est formé une autre tout aussi réelle, qui est celle de la puissance sans limites de cet Être, que lui a suggérée la considération de la portion de ses œuvres qu'il a pu contempler. L'existence et la toute-puissance de DIEU composent donc toute la science positive de l'homme à l'égard de la Divinité; là se borne tout ce qu'il lui a été donné de pouvoir connaître de certain sur ce grand sujet. Beaucoup d'autres idées néanmoins furent appropriées par lui à ce sujet sublime; mais toutes prirent leur source dans son imagination.

Dans l'exécution de ses œuvres, et particulièrement de celles que nous pouvons connaître, l'Être tout-puissant dont il est question a sans doute été le maître de suivre le mode qu'il lui a plu; or, sa volonté a pu être :

Soit de créer immédiatement et séparément tous les corps particuliers que nous pouvons observer, de les suivre dans leurs changemens, leurs mouvemens ou leurs actions, de les considérer sans cesse isolément, et de tout régir à leur égard par sa volonté suprême;

Soit de réduire ses créations à un petit nombre, et, parmi celles-ci, de faire exister un ordre de choses général et constant, toujours animé de mouvement, partout assujetti à des lois, au moyen duquel tous les corps, quels qu'ils soient, tous les changemens qu'ils subissent, toutes les particularités qu'ils présentent, et tous les phénomènes que beaucoup d'entre eux exécutent puissent être produits.

A l'égard de ces deux modes d'exécution, si l'observation ne nous apprenait rien, nous ne saurions nous former aucune opinion qui pût être fondée. Mais il n'en est point ainsi : nous voyons effectivement qu'il existe un ordre de choses, véritablement créé, immutable tant que son auteur le permettra, agissant uniquement sur la matière, et qui possède le pouvoir de produire tous les corps observables, d'exécuter tous les changemens, toutes les modifications, les destructions mêmes, ainsi que les renouvellemens que l'on remarque parmi eux. Or, c'est à cet ordre de choses que nous avons donné le nom de *Nature*. Le suprême auteur de tout ce qui est, l'est donc directement de la matière, ainsi que de la nature, et il ne l'est qu'indirectement de tout ce que celle-ci a le pouvoir de produire.

Le but que DIEU s'est proposé en créant la matière, qui fait la base de tous les corps, et la nature qui divise cette matière, forme les corps, les varie, les modifie, les change et les renouvelle diversement, peut facilement nous être connu ; car l'Être suprême ne pouvant rencontrer aucun obstacle à sa volonté dans l'exécution de ses œuvres, le résultat général de ces mêmes œuvres est nécessairement l'objet qu'il avait en vue. Ainsi ce but ne peut être autre que l'existence de la nature, dont la matière seule fait le domaine, et ne saurait être celui d'amener la formation de tel corps particulier, quel qu'il soit.

Trouve-t-on dans les deux objets créés, savoir : la *matière* et la *nature*, la source du bien et celle du mal que presque de tout temps on a cru remarquer dans les événemens de ce monde? A cette question, je répondrai que le bien et le mal ne sont relatifs qu'à des objets particuliers, qu'ils n'intéressent jamais, par leur existence temporaire, le résultat général prévu, et que, dans la fin que s'est proposée le Créatour, il n'y a réellement ni bien ni mal, parce que tout y remplit parfaitement son objet.

DIEU a-t-il borné ses créations à la seule existence de la matière et de la nature? Cette question est vaine, et doit rester sans réponse de notre part; car, étant réduits à ne pouvoir rien connaître que par la voie de l'observation, et les corps uniquement, ainsi que ce qui les concerne, étant pour nous les seuls objets observables, ce serait une témérité de prononcer affirmativement ou négativement sur ce sujet.

Qu'est-ce qu'un être spirituel? C'est ce qu'à l'aide de l'imagination l'on voudra supposer. En effet, ce n'est que par le moyen d'une opposition à ce qui est matériel que nous nous sommes formé l'idée d'un esprit; mais comme cet être supposé n'est nullement dans la catégorie des objets qu'il nous soit possible d'observer, nous ne saurions rien connaître à son égard. L'idée que nous en avons est donc absolument sans base.

Nous ne connaissons que des êtres physiques et que des objets relatifs à ces êtres : telle est la condition de notre nature. Si nos pensées, nos raisonnemens, nos principes ont été considérés comme des objets métaphysiques, ces objets ne sont donc point des êtres. Ce ne sont que des rapports, ou que des conséquences de rapports, ou que des résultats de lois observées.

On sait que l'on distingue les rapports en généraux et en plus particuliers. Or, parmi ces derniers, on considère ceux de nature, de forme, de dimension, de solidité, de grandeur, de quantité, de ressemblance et de dissemblance; et si l'on ajoute à ces objets les êtres observés et la considération des lois connues, ainsi que celle des objets de convention, on aura là tous les matériaux de nos pensées.

Ainsi, ne pouvant observer que des actes de la nature, que les lois qui régissent ces actes, que les produits de ces derniers, en un mot, que des corps et ce qui les concerne, tout ce qui provient immédiatement de la puissance suprême est incompréhensible pour nous, comme elle-même l'est à notre égard. Créer, ou de rien faire quelque chose, est donc une idée que nous ne saurions concevoir, parce que dans tout ce que nous pouvons connaître, nous ne trouvons aucun modèle qui la représente. DIEU seul peut donc créer, tandis que la nature ne peut que produire. Nous devons supposer que, dans ses créations, la Divinité n'est obligée à l'emploi d'aucun temps, au lieu que la nature ne saurait rien exécuter qu'à l'aide d'une durée quelconque.

PREMIÈRE PARTIE.

Des objets que l'homme peut considérer hors de lui, et que l'observation peut lui faire connaître.

PREMIÈRE SECTION.

Des objets nécessairement créés.

Il est certain pour nous que, parmi les objets que nous pouvons observer, il s'en trouve dont il nous est absolument impossible d'assigner l'origine; car l'idée que nous avons d'une formation quelconque ne saurait leur convenir, puisque c'est avec quelque chose qu'à l'aide de modifications ou d'assemblages divers, quelque autre chose peut avoir lieu; mais qu'avec rien on puisse faire exister un objet quel qu'il soit, c'est ce que nous ne saurions concevoir, et c'est cependant ce qui a lieu à l'égard de tout objet créé. Nous avons reconnu la puissance divine, et nous avons dû admettre qu'elle n'a point de limites. Or, de même qu'il nous est impossible de concevoir ce qu'est réellement cette puissance, de même aussi ses œuvres directes sont au-dessus de toutes nos conceptions.

On sait qu'il est trop ordinaire à l'homme d'employer des expressions auxquelles il néglige souvent d'attacher des idées précises. Il lui arrive en effet de se servir du mot *créé* dans quantité de cas où l'application de cette expression ne saurait être convenable. La nature, qui a tant de pouvoir, ne crée réellement rien; à plus forte raison, l'homme, dans tout ce qu'il exécute, ne saurait rien créer. Il n'a pas même le pouvoir, ainsi que nous l'avons montré, de créer une seule idée par la voie de son imagination, puisque c'est toujours par l'emploi d'idées acquises à l'aide de ses sens qu'il s'en forme d'autres, au moyen des transformations ou des oppositions qu'il lui plaît d'imaginer.

En examinant bien, parmi les objets soumis à nos observations, ceux qui n'ont pu exister que par la création, il nous a paru que ces derniers se réduisaient à la *matière* et à la *nature*. L'Être suprême, n'ayant point de bornes à sa puissance, a pu sans doute en créer bien d'autres; mais il nous est absolument interdit d'en avoir aucune notion réelle, et nous sommes réduits à ne pouvoir connaître que les deux objets ci-dessus mentionnés. Nous allons en traiter sommairement.

CHAPITRE PREMIER.

De la Matière.

Dieu créa la *matière*, en fit exister de différentes sortes, et donna à chacune d'elles l'indestructibilité qui est le propre de tout objet créé. La matière subsistera donc tant que son créateur voudra le permettre. Aussi la nature, quel que soit son pouvoir sur elle, ne saurait en anéantir la moindre parcelle, ni en ajouter aucune à la quantité qui fût créée.

La matière n'est pas infinie, car elle occupe un lieu dans l'espace, et l'on sait que tout lieu est nécessairement fini. Or, elle occupe un lieu dans l'espace, puisqu'elle est déplaçable dans sa masse ou dans des portions de sa masse, et elle l'est, puisqu'elle peut recevoir du mouvement. En effet, les corps dont elle fait essentiellement la base peuvent recevoir du mouvement, et, soit le conserver, lorsqu'aucun autre ne le leur enlève, soit le transmettre à d'autres, ou le partager avec eux.

L'essence de la matière est de constituer une substance; et cette substance, qui est un objet physique, est très-divisible, au moins en molécules essentielles. Elle est d'ailleurs essentiellement passive, inerte, sans mouvement et sans activité propres; mais elle peut en recevoir, en transmettre, et en produire elle-même lorsque des causes accidentelles l'ont modifiée. Elle a nécessairement de l'étendue, et sa nature est d'être finie, quelque immense que soit la quantité qui en existe, puisqu'elle occupe un lieu dans l'espace.

Il y a, avons-nous dit, différentes sortes de matières créées. Cette assertion résulte de l'observation qui nous apprend que, dans ses opérations, la nature forme des composés de différens degrés qui nécessitent l'emploi d'élémens divers. Qu'il nous soit difficile de nous assurer si telle matière que nous considérons est réellement simple ou composée, cela est très-possible; mais nous ne saurions douter que tout composé quelconque ne soit le résultat de la combinaison d'élémens différens. Il y a donc diverses sortes d'elémens, et par suite de matières.

La matière fait la base de tous les corps, de toutes leurs parties, en est même la substance unique; et comme il y en a de différentes sortes, selon que leurs assemblages ou réunions dans un corps en offrent de plus ou moins diverses, selon leur état particulier de réunion ou de combinaison, selon enfin les relations qu'elles peuvent avoir entre elles, ou avec celles des milieux environnans, le corps qu'elles constituent présente des qualités particulières, et quelquefois produit des phénomènes singuliers.

Parmi les différentes matières qui existent, il y en a sans doute dont les molécules essentielles sont réellement compressibles ou flexibles, et le sont peut-être dans un haut degré, tandis que d'autres ont les leurs douées d'une solidité presque absolue. Il est probable aussi qu'il s'en trouve qui offrent des qualités intermédiaires à celles dont il vient d'être question. Or, si telle matière, éminemment compressible, se trouve par une cause quelconque fortement coercée et retenue en cet état dans un corps par les liens de la combinaison, qui ne sent qu'au moment de son dégagement, elle jouira d'une force expansive, rayonnante, qui lui donnera une activité accidentelle, quoique par sa nature, comme matière, elle n'en ait aucune par elle-même, et soit réellement passive! Aussi, à mesure qu'elle exerce l'activité en question, son expansion rayonnante diminue progressivement de force et de rapidité, et elle parvient à l'état de repos qui lui est propre.

Cette seule citation, applicable à certaines matières bien connues, auxquelles on attribue mal à propos de l'activité comme leur étant naturelle, suffit pour motiver le refus de notre assentiment à cette attribution. Le *calorique* est effectivement dans ce cas; il ne jouit qu'accidentellement et que passagèrement des propriétés qu'on lui connaît, car il les perd à mesure que ses molécules parviennent à se rétablir dans leurs dimensions naturelles.

La matière, ainsi que nous l'avons dit plus haut, est très-divisible. Il paraît néanmoins qu'elle ne l'est que jusqu'à ses molécules essentielles, que celles-ci même sont impénétrables; et il en doit être ainsi, puisque la matière est indestructible et inaltérable comme tout objet créé. Elle offre donc cette différence, entre ses molécules essentielles et les molécules intégrantes des corps composés, savoir : que les premières sont inaltérables, tandis que les secondes peuvent être altérées, changées et même détruites.

Au reste, nous ne connaissons la matière que par la voie des corps, ceux-ci en étant essentiellement composés; mais peut-être ne l'avons-nous jamais observée isolément; à moins que, parmi les fluides élastiques connus, certains de ces derniers ne constituent purement quelques-unes de ses diverses sortes. Peut-être même que, parmi les matières solides, la silice ou le crystal de roche en est une véritablement simple.

Nous ajouterons que toute matière, quelle qu'elle soit, ne saurait offrir en elle que des qualités, que des propriétés; le mouvement même n'est essentiel à aucune : en sorte que tout phénomène observé ou observable est nécessairement le produit, soit d'un changement d'état de telle matière, soit de relations entre diverses sortes de matières, dont une au moins est en mouvement.

Ce sera donc toujours une erreur que d'attribuer à une matière quelconque la faculté, soit de vivre, soit de sentir, soit de penser, soit enfin d'agir par elle-même.

CHAPITRE II.

De la Nature.

La *nature*, ou l'ordre de choses qui la constitue, est le second et à la fois le dernier des objets créés qui aient pu parvenir à notre connaissance; car tout ce que d'ailleurs nous pouvons observer ne concerne que des objets produits par elle. Or, faisant nous-mêmes partie de l'immense série de ses productions, nous devons fortement nous intéresser à l'étude de la cause qui y a donné lieu. Ainsi la nature est le plus grand sujet que l'homme puisse embrasser dans sa pensée, dans ses études. C'est une puissance toujours active, en tout et partout bornée, qui fait les plus grandes choses, et qui, dans chaque cas particulier, agit constamment de la même manière, sans jamais varier les actes qu'elle opère alors; c'est encore une puissance créée, inaltérable, la seule, parmi tout ce qui a eu un commencement, qui ne puisse avoir de terme à son existence, s'il plaît à son *suprême auteur* de la laisser subsister; c'est enfin un ordre de choses qui existe dans toutes les parties de l'univers physique.

Relativement au grand sujet dont il est question, il ne s'agira point ici de cette expression particulière que nous employons, en parlant d'un corps ou d'un objet dont nous voulons déterminer ou citer ce que nous en nommons la nature, mais de l'expression dont nous faisons usage dans un sens général, à la fois vague et absolu; de ce mot si souvent employé à cet égard, que toutes les bouches prononcent si fréquemment, que l'on rencontre presque à chaque ligne, dans les ouvrages des naturalistes, des physiciens et des moralistes; de ce mot, enfin, dont on se contente si généralement, sans s'occuper de l'idée que l'on peut et que l'on doit réellement y attacher.

« Il importe maintenant de montrer qu'il existe des puissances particulières qui ne sont point des *intelligences*, qui ne sont pas même des êtres individuels, qui n'agissent que par nécessité, et qui ne peuvent faire autre chose que ce qu'elles font. » *Introduction à l'Histoire Naturelle des animaux sans vertèbres, sixième partie, page 304.* Or, voyons si ce qu'on nomme la *nature* ne serait pas une de ces puissances particulières dont je viens de parler; si ce ne serait pas la première et la plus grande des puissances de cette sorte; si ce ne serait pas même celle qui a amené l'existence de toutes les autres; celle, enfin, qui a produit généralement tous les corps qui existent, et qui seule donne lieu à tout ce que nous pouvons observer. Nous examinerons ensuite ce que peut être cette puissance singulière, capable de donner l'existence à tant d'êtres différens, dont la plupart sont pour nous si étonnans, si admirables!

Qui osera penser qu'une puissance aveugle, sans intention, sans but, qui ne peut faire partout que ce qu'elle fait, et qui est bornée à n'exercer son pouvoir que sur les parties d'un domaine tout-à-fait circonscrit, puisse être celle qui a fait tant de choses! montrer l'évidence de cette vérité de fait, est cependant l'objet que nous avons ici en vue. Pour y parvenir, nous croyons qu'il suffit de présenter les considérations qui vont suivre; et, sans doute, nous serons entendu, si elles sont examinées et suffisamment approfondies. Posons d'abord la question suivante; car c'est pour l'homme la plus importante de toutes celles qu'il puisse agiter; et voyons si nous avons quelque moyen solide pour en obtenir la solution.

La *puissance* intelligente et sans bornes, à

laquelle tout ce qui est doit réellement son existence, qui a, conséquemment, fait exister tous les êtres physiques, les seuls que nous puissions connaître positivement, a-t-elle créé ces derniers immédiatement et sans intermédiaire, ou n'a-t-elle pas établi un *ordre de choses*, constituant une puissance particulière et dépendante, mais capable de donner lieu successivement à la production de tous les corps physiques, de quelque ordre qu'ils soient?

Si la puissance suprême dont il s'agit a livré le monde *physique* à l'observation et aux discussions de l'homme, celui-ci peut et doit examiner cette grande question, et nous allons montrer que le résultat de cet examen peut être pour lui de la plus grande importance.

Certes, le *sublime auteur* de toutes choses a pu faire comme il lui a plu; sa puissance est sans limites, on ne saurait en douter. Il a donc pu, relativement aux corps physiques, employer le premier mode d'exécution cité, comme il a pu se servir du second, si telle fut sa volonté. Il ne nous convient pas de décider ce qu'il a dû faire, ni de prononcer positivement sur ce qu'il a fait. Nous devons seulement étudier, parmi celles de ses œuvres qu'il nous a permis d'observer, les faits qui peuvent nous apprendre ce qu'à leur égard il a voulu qu'il fût.

Sans doute, la pensée qui dut nous plaire davantage, lorsque nous considérâmes quelle avait pu être l'origine de tous les corps soumis à notre observation, fut celle d'attribuer la première existence de ces êtres à une puissance infinie, qui les aurait créés immédiatement, et les aurait faits, tous à la fois ou en divers temps, ce qu'ils sont chacun dans leur espèce. Cette pensée nous fut commode, en ce qu'elle nous dispensa de toute étude, de toute recherche à l'égard de ce grand sujet; aussi fut-elle généralement admise. Elle est juste cependant sous un rapport; car rien n'existe que par la volonté suprême; mais, quant aux corps physiques, elle prononce sur le mode d'exécution de cette volonté, avant de s'être assurée des lumières que l'observation des faits peut fournir sur cet objet. Or, comme les faits observés et constatés sont plus positifs que nos raisonnemens, ces faits nous fournissent maintenant des moyens solides pour reconnaître, parmi les deux modes d'exécution présentés dans la question ci-dessus, quel est celui qu'il a plu à la suprême puissance d'employer pour faire exister tous les corps physiques.

A la vérité, nous fûmes en quelque sorte autorisés à persister dans notre première pensée, et à l'admettre à l'égard de l'origine des corps physiques; car, quoique ces corps, vivans ou autres, soient assujettis à des altérations, des destructions et des renouvellemens successifs, tous nous parurent être toujours les mêmes.

« En effet, tous les corps que nous observons, nous offrent généralement, chacun dans leur espèce, une existence plus ou moins passagère; mais aussi, tous ces corps se montrent ou se retrouvent constamment les mêmes à nos yeux, ou à peu près tels, dans tous les temps; et on les voit toujours, chacun avec les mêmes qualités ou facultés, et avec la même possibilité ou la même nécessité d'éprouver des changemens.

» D'après cela, dira-t-on, comment vouloir leur supposer une formation, pour ainsi dire, *extra simultanée*; une formation successive et dépendante; en un mot, une origine particulière à chacun d'eux, et dont le principe puisse être déterminable? Pourquoi ne les regarderait-on pas plutôt comme aussi anciens que la *nature*, comme ayant la même origine qu'elle-même, et que tout ce qui a eu un commencement?

» C'est, en effet, ce que l'on a pensé, et ce que pensent encore beaucoup de personnes d'ailleurs très-instruites : elles ne voient dans toutes les espèces, de quelque sorte qu'elles soient, inorganiques ou vivantes; elles ne voient, dis-je, que des corps dont l'existence leur paraît à peu près aussi ancienne que la *nature*; que des corps qui, malgré les changemens et l'existence passagère des individus, se retrouvent les mêmes dans tous les renouvellemens, etc. » *Introduction*, page 305 et suiv.

« Toutes ces considérations parurent et paraissent encore aux personnes dont j'ai parlé, des motifs suffisans pour penser que la *nature* n'est point la cause productrice des différens corps que nous connaissons; et que ces corps se remontrant les mêmes (en apparence) dans tous les temps, et avec les mêmes qualités ou facultés, doivent être aussi anciens que la nature, et avoir pris leur existence dans la même cause qui lui a donné la sienne.

» S'il en est ainsi, ces corps ne doivent rien à la *nature*; ils ne sont point ses productions; elle ne peut rien sur eux; elle n'opère rien à leur égard; et, dans ce cas, elle n'est point une puissance; des lois lui sont inutiles; enfin, le nom qu'on lui donne est un mot vide de sens, s'il n'exprime que l'existence des corps, et non un pouvoir particulier qui opère et agit immédiatement sur eux. » *Introduction*, page 308.

Telle est la conséquence nécessaire de cette pensée qui attribue l'existence de chaque espèce de corps physiques à une création particulière de chacune de ces espèces, qui leur accorde la même origine que celle de la *nature*, et les suppose aussi anciennes, aussi immutables que cette dernière l'est elle-même.

Sans doute, le puissant *auteur* de tout ce qui existe a pu vouloir que cela fût ainsi ; mais, si telle fut sa volonté, qu'est-ce donc que cette *nature* qu'il a créée? Qu'est-elle, si elle n'est point une puissance, si elle n'agit point, si elle n'opère rien, si elle ne produit point les corps? A quoi lui servent des lois, si elle est sans pouvoir, sans action? Cette question resterait nécessairement sans réponse, c'est-à-dire, sans solution, si l'on était fondé à la faire, et si, effectivement, la *nature* n'était pas elle-même la cause immédiate qui donne lieu à l'existence de tous les corps physiques.

C'est assurément ce que l'observation nous montre de toutes parts ; car, si nous examinons tout ce qui se passe journellement autour de nous, ainsi que ce qui nous est relatif ; si nous recueillons et suivons attentivement les faits que nous pouvons observer, nous reconnaîtrons partout le pouvoir de la nature ; et l'idée si spécieuse citée ci-dessus, concernant la création primitive et l'immutabilité des espèces, perdra de plus en plus le fondement qu'elle semblait avoir.

A la vérité, par les suites de la faible durée de notre existence individuelle, nous ne remarquons jamais de changemens dans les circonstances de situation et d'habitation des espèces vivantes que nous observons ; conséquemment, quoique nous suivions celles-ci dans les renouvellemens des individus, elles nous paraissent rester toujours les mêmes. Si nous changeons de lieu d'observation, nous rencontrons des espèces qui avoisinent les premières, qui s'en distinguent néanmoins, et qui se trouvent, effectivement, dans des circonstances différentes. Or, ces espèces nous paraissent encore rester les mêmes dans leur situation, et les renouvellemens des individus n'amener parmi elles aucune différence, sinon accidentellement. Ainsi, ne voyant point changer les espèces vivantes, en quelque lieu que nous les observions, nous leur attribuons une constance absolue, tandis qu'elles n'en ont qu'une relative ou conditionnelle. En effet, tant que les circonstances de situation, d'habitation, etc., ne varient point à l'égard des espèces vivantes, ces dernières doivent subsister les mêmes.

Ne tenant aucun compte de ce qui s'opère réellement partout, avec le temps, parce que nous n'avons pas les moyens de le voir et de le constater nous-mêmes, tout nous paraît avoir une constance absolue, et cependant tout change sans cesse autour de nous. Il nous semble que la surface de notre globe reste dans le même état; que les limites des mers subsistent les mêmes; que ces immenses masses d'eau liquides se conservent dans les mêmes régions du globe; que les montagnes conservent aussi leur élévation, leur forme; que les fleuves et les rivières ne changent point leur lit, leur bassin; que les climats ne subissent aucune variation, etc., etc. Mesurant et jugeant tout d'après ce qu'il nous est possible de voir, tout encore nous paraît stable, parce que nous regardons les petites mutations que nous sommes à portée d'observer, comme des objets sans conséquence.

Cependant, à mesure que nous étendons nos observations, que nous considérons les monumens qui sont à la surface du globe, que nous suivons une multitude de faits de détail qui se présentent sans cesse à nous de tous côtés, nous sommes forcés de reconnaître qu'il n'y a nulle part de repos parfait; qu'une activité continuelle, variée selon les temps et les lieux, règne absolument partout; que tous les corps, sans exception, sont *pénétrables* et pénétrés par d'autres ; que des agens de diverses sortes travaillent sans cesse à altérer, changer et détruire les corps existans ; enfin, qu'il n'est rien qui soit absolument à l'abri de ces influences constamment actives. Nous voyons, en effet, que les roches les plus dures s'exfolient peu à peu, et que les alternatives de l'action solaire, des gelées, des pluies, etc., en détachent insensiblement des parcelles, d'où résultent des changemens dans leur forme et leur masse ; que les montagnes se détériorent, s'abaissent même continuellement, les eaux pluviales les creusant, les sillonnant, et entraînant vers les lieux bas tout ce qui s'en trouve détaché ; que les fleuves, les rivières et les torrens emportent tout ce qui peut céder à l'effort de leurs eaux ; et que, çà et là, des développemens souterrains de fluides élastiques divers, suivis souvent d'inflammations considérables, tantôt excavent et soulèvent le sol, l'ébranlent, l'entr'ouvrent, le culbutent, renversant et confondant tout, et tantôt aboutissant à certaines issues particulières, ou s'en ouvrant de cette sorte, forment au dehors des éruptions terribles, dévastatrices, suivies de déjections qui abîment tout ce qu'elles peuvent atteindre, et dont les cumulations élèvent des montagnes énormes.

Si nous considérons nos habitations mêmes, nous y remarquons les produits continuels, quoique presque insensibles, de l'activité des agens cités; et, en effet, nous connaissons assez les ravages qu'à l'aide du temps ces agens peuvent leur faire subir. Les faits qui se passent sous nos yeux étant ici des témoignages utiles à citer, qui ne sait que quelque soin que l'on prenne dans un appartement, pour y entretenir la propreté, l'on a continuellement à combattre une poussière qui se dépose partout? D'où provient donc cette poussière, si ce n'est de parcelles infiniment petites que les agens en question détachent sans cesse de toutes les parties de l'appartement, et qui constituent les atomes dont l'air est toujours rempli. Quelque temps qui soit nécessaire, on peut dire qu'un édifice quelconque, abandonné aux agens dont il s'agit, sera à la fin détruit par leur action.

C'est donc un fait évident, incontestable, qu'il n'existe nulle part, dans le monde physique, de repos absolu, d'absence de mouvement, de masse véritablement immutable, inaltérable, et dont la stabilité soit parfaite et sans terme, au lieu d'être relative, comme l'est celle de tous les corps quels qu'ils soient.

Ainsi nous observons des changemens lents ou

prompts, mais réels, dans tous les corps, selon leur nature et les circonstances de leur situation; en sorte que les uns se détériorent de plus en plus, sans jamais réparer leurs pertes, et sont à la fin détruits; tandis que les autres, qui subissent sans cesse des altérations, et les réparent eux-mêmes, pendant une durée limitée, finissent aussi par une destruction entière.

Je n'ai pas besoin de dire que si le pouvoir général qui constitue les agens dont je viens de parler, parvient sans cesse, par cette voie, à opérer la destruction de tous les corps physiques individuels, le même pouvoir, par une autre voie déjà indiquée dans mes ouvrages, parvient aussi à les renouveller perpétuellement, avec des variations relatives. Je m'éloignerais de mon sujet, si je m'occupais ici d'établir de nouveau cette vérité de fait.

Pouvons-nous donc méconnaître, d'après cette exposition rapide de faits généralement connus, l'existence d'un *pouvoir général*, toujours agissant, toujours opérant des produits manifestes en changement, selon les circonstances favorables; produits qui amènent sans cesse, les uns la formation des corps, les autres leur destruction? Ne voyons-nous pas nous-mêmes plusieurs de ces corps se former presque sous nos yeux, et plusieurs autres se détruire de même!

A l'égard du pouvoir dont il s'agit, nos observations, bien constatées, nous font connaître un fait de la plus haute importance; un fait qui décide la question présentée au commencement de cet article, et qu'il est nécessaire de prendre en considération; le voici :

« Nos observations, en effet, ne se bornent point seulement à nous convaincre de l'existence d'un grand pouvoir toujours agissant, qui change, forme, détruit et renouvelle sans cesse les différens corps; elles nous montrent, en outre, que ce pouvoir est limité, tout-à-fait dépendant, et qu'il ne saurait faire autre chose que ce qu'il fait; car il est partout assujetti à des lois de différens ordres qui règlent ses opérations; lois qu'il ne peut ni changer, ni transgresser, et qui ne lui permettent pas de varier ses moyens dans la même circonstance. »

Certes, si les faits qui constatent la dépendance de ce pouvoir sont réellement fondés, leur découverte est bien importante; car ces faits décident de la nature de ce même pouvoir; et dès-lors, la connaissance de ce dernier, et celle des lois qui l'assujettissent dans chaque cas particulier, sont des objets dont l'intérêt est pour nous du premier ordre : ce que je montrerai bientôt.

Quelque progrès que j'aie pu avoir fait faire aux sciences naturelles, en embrassant, dans mes études, un plan général, lié dans toutes ses parties ; et, dans ce plan, quelque avantage que j'aie pu procurer à l'une de ces sciences, particulièrement en instituant l'ordre le plus naturel que l'on puisse établir parmi les animaux sans vertèbres, et en montrant que cet ordre prend sa source dans la production successive de ces animaux, je ne crois pas avoir fait, dans tout cela, une chose aussi utile à mes semblables, que celle d'avoir rassemblé les observations essentielles qui constatent l'existence et la nature du pouvoir dont il vient d'être question. Poursuivons-en donc l'examen ; essayons de montrer ce qu'il est positivement, et le parti que nous pouvons tirer de sa connaissance.

Le grand pouvoir dont il s'agit embrasse le monde physique, et est général à son égard. La matière est son unique domaine ; et quoiqu'il ne puisse ni en créer, ni en détruire une seule particule, il la modifie continuellement de toutes les manières et sous toutes les formes. Ainsi ce pouvoir général agit sans cesse sur tous les objets que nous pouvons apercevoir, de même que sur ceux qui sont hors de la portée de nos observations. C'est lui qui, dans notre globe, a donné immédiatement l'existence aux végétaux, aux animaux, ainsi qu'aux autres corps qui s'y trouvent.

Or, le pouvoir dont il s'agit, que nous avons tant de peine à reconnaître, quoiqu'il se manifeste partout; ce pouvoir qui n'est certainement point un *être de raison* (ce dont nous ne saurions douter, puisque nous observons ses actes; que nous le suivons dans ses opérations; que nous voyons qu'il ne fait rien qu'avec du temps; que nous remarquons qu'il est partout soumis à des lois, et que déjà nous sommes parvenus à connaître plusieurs de celles qui le régissent); ce pouvoir qui agit toujours de même dans les mêmes circonstances, et qui, sitôt que celles-ci viennent à changer, est obligé de varier ses actes; ce pouvoir, en un mot, qui fait tant de choses et de si admirables, est précisément ce que nous nommons la NATURE.

Et c'est à cette puissance aveugle, partout limitée et assujettie, qui, quelque grande qu'elle soit, ne saurait faire autre chose que ce qu'elle fait; qui n'existe, enfin, que par la volonté du *suprême auteur* de tout ce qui est; c'est à cette puissance, dis-je, que nous attribuons une intention, un but, une détermination, dans ses actes!

Quelle plus forte preuve de notre ignorance

absolue à l'égard de la *nature*, des lois qui la concernent, de ces lois qu'il nous importerait tant d'étudier, leur connaissance étant la seule voie qui puisse nous faire parvenir à juger convenablement des choses, et à rectifier nos idées sur tout ce qui en provient ou en dépend! Comment qualifier notre insouciance envers cette mère commune dont néanmoins, depuis un temps immémorial, nous avons eu le sentiment de l'existence, puisque nous avons consacré un mot particulier pour la désigner! Mais, comme si tous les actes qu'elle exécute n'aboutissaient qu'à faire exister tous les êtres physiques, sans influer sur leur durée, sur leur état, pendant cette durée, sur tout ce qui les concerne ou qui est en relation avec eux, le mot dont nous nous servons pour la désigner, nous tient lieu de tout, et nous ne nous inquiétons nullement de savoir ou de rechercher ce qu'il exprime.

Il importe assurément de fixer à la fin nos idées, s'il est possible, sur une expression dont la plupart des hommes se servent communément, les uns par habitude, et sans y attacher aucun sens déterminé, les autres dans un sens absolument faux.

A l'idée que l'on se forme d'une puissance, l'on est porté naturellement à y associer celle d'une *intelligence* qui dirige ses actes; et, par suite, l'on attribue à cette puissance une intention, des vues, un but, une volonté. On doit, sans doute, reconnaître qu'il en est ainsi à l'égard du *pouvoir suprême ;* mais il y a aussi des puissances assujetties et bornées, qui n'agissent que nécessairement, qui ne peuvent faire autre chose que ce qu'elles font, dont les moyens sont plus ou moins compliqués, et qui ne sont point des *intelligences*.

Les puissances assujetties dont je viens de parler, ne sont, à la vérité, que des causes agissantes ou qui peuvent agir. Aussi, comme il y en a, parmi elles, dont les moyens, extrêmement compliqués, amènent des effets très-variés, tandis que d'autres, plus simples, ne produisent que des effets de même sorte ou semblables, j'ai cru devoir donner à ces dernières le nom usité de *causes*, et désigner les premières par l'expression *d'ordre de choses :* or, ceux-ci sont plus communs qu'on ne pense.

Par exemple, tout ordre de choses, animé par un mouvement, soit épuisable, soit inépuisable, est une véritable puissance dont les actes amènent des faits ou des phénomènes quelconques.

La *vie*, dans un corps en qui l'ordre et l'état de choses qui s'y trouvent lui permettent de se manifester, est assurément, comme je l'ai dit, une véritable puissance qui donne lieu à des phénomènes nombreux. Cette puissance cependant n'a ni but, ni intention, ne peut faire que ce qu'elle fait, et n'est elle-même qu'un ensemble de causes agissantes, et non un être particulier. J'ai établi cette vérité le premier, et dans un temps où la *vie* était encore signalée comme un *principe*, une *archée*, un *être* quelconque. Voyez BARTHEZ, nouvelle mécanique.

J'ajouterai que la *nature* ayant institué dans certains corps un ordre de choses, qui, concurremment avec une source d'activité qu'elle y a jointe, y constitue la *vie*, celle-ci, à son tour, est parvenue à établir, dans certains animaux, différens ordres de choses distincts, qu'on nomme *systèmes d'organes*, lesquels en ont amené eux-mêmes plusieurs autres qui donnent lieu chacun à autant d'ordres de phénomènes particuliers : d'où il résulte que, dans un corps animal, les systèmes d'organes dont il est question, quoique assujettis, par leur connexion avec les autres organes, aux influences et à la destinée générale de ces derniers, sont eux-mêmes autant de puissances particulières, qui toutes donnent lieu à des phénomènes qui leur sont propres.

Or, il s'agit de montrer que la *nature* est tout-à-fait dans le même cas que la vie ; qu'elle est de même constituée par un ordre de choses entièrement dépendant et assujetti dans tous ses actes ; mais qu'elle en diffère infiniment en ce que, tenant son existence de la volonté suprême, elle est inépuisable dans ses forces et ses moyens d'action, tandis que la *vie*, instituée seulement par la nature, épuise nécessairement les siens.

La justesse de ces considérations ne pouvant être solidement contestée, il nous sera facile de mettre en évidence deux sortes d'erreurs assez communes, dans lesquelles nous paraissent tomber beaucoup de personnes qui veulent attacher une idée au mot *nature*, si fréquemment employé dans leurs discours ou dans leurs écrits.

En effet, parmi les diverses confusions d'idées auxquelles le sujet que j'ai ici en vue a donné lieu, j'en citerai deux comme principales; savoir : celle qui fait penser à la plupart des hommes que la *nature* et son SUPRÊME AUTEUR sont une seule et même chose, et celle qui leur fait regarder comme synonymes les mots *nature* et *univers* ou le monde physique.

Je montrerai que ces deux acceptions sont l'une et l'autre absolument fausses, que les motifs sur lesquels elles se fondent ne sauraient être admis, et qu'on peut réfuter ces derniers : ce que je ferai effectivement, en commençant par ceux de ces motifs qui ont donné lieu à la première des acceptions citées.

« On a pensé que la nature était DIEU même : c'est, en effet, l'opinion du plus grand nombre; et ce n'est que sous cette considération, que l'on veut bien admettre les végétaux, les animaux, etc., comme ses productions.

» Chose étrange! l'on a confondu la montre avec l'horloger, l'ouvrage avec son auteur! assurément, cette idée est inconséquente, et ne fut jamais approfondie. La puissance qui a créé la nature n'a, sans doute, point de bornes, ne saurait être restreinte ou assujettie dans sa volonté, et est indépendante de toute loi. Elle seule peut changer la nature et ses lois; elle seule peut même les anéantir; et, quoique nous n'ayons pas une connaissance positive de ce grand objet, l'idée que nous nous sommes formée de cette puissance sans bornes, est au moins la plus convenable de celles que l'homme ait dû se faire de la Divinité, lorsque, par la pensée, il a su s'élever jusqu'à elle. »

Si la *nature* était une intelligence, elle pourrait *vouloir*, elle pourrait changer ses lois, ou plutôt elle n'aurait point de lois. Enfin, si la *nature* était Dieu même, sa volonté serait indépendante, ses actes ne seraient point forcés. Mais il n'en est pas ainsi : elle est partout, au contraire, assujettie à des lois constantes sur lesquelles elle n'a aucun pouvoir; en sorte que, quoique ses moyens soient infiniment diversifiés et inépuisables, elle agit toujours de même dans chaque circonstance semblable, et ne saurait agir autrement.

» Sans doute, toutes les lois auxquelles la *nature* est assujettie dans ses actes, ne sont que l'expression de la volonté suprême qui les a établies; mais la *nature* n'en est pas moins un ordre de choses particulier, qui ne saurait vouloir, qui n'agit que par nécessité, et qui ne peut exécuter que ce qu'il exécute.

» Beaucoup de personnes supposent une *âme universelle* qui dirige, vers un but qui doit être atteint, tous les mouvemens et tous les changemens qui s'exécutent dans les parties de l'*univers*.

» Cette idée, renouvelée des anciens qui ne s'y bornaient pas, puisqu'ils attribuaient en même temps une âme particulière à chaque sorte de corps, n'est-elle pas au fond semblable à celle qui fait dire à présent que la *nature* n'est autre que Dieu même? Or, je viens de montrer qu'il y a ici confusion d'idées incompatibles, et que la nature n'étant point un être, une intelligence, mais un ordre de choses partout assujetti, on ne saurait absolument la comparer en rien à l'*Être suprême*, dont le pouvoir ne saurait être limité par aucune loi.

» C'est donc une erreur que d'attribuer à la *nature* un but, une intention quelconque dans ses opérations; et cette erreur est des plus communes parmi les naturalistes. Je remarquerai seulement que si les résultats de ses actes paraissent présenter des fins prévues, c'est parce que, dirigée partout par des lois constantes, primitivement combinées pour le but que s'est proposé son *suprême auteur*, la diversité des circonstances que les choses existantes lui offrent sous tous les rapports, amène des produits toujours en harmonie avec les lois qui régissent tous les genres de changemens qu'elle opère; c'est aussi parce que ses lois des derniers ordres sont dépendantes, et régies elles-mêmes par celles des premiers ou des supérieurs.

» C'est surtout dans les corps vivans, et principalement dans les *animaux*, qu'on a cru apercevoir un but aux opérations de la nature. Ce but cependant n'est là, comme ailleurs, qu'une simple apparence et non une réalité. En effet, dans chaque organisation particulière de ces corps, un ordre de choses, préparé par les causes qui l'ont graduellement établi, ne fait qu'amener par des développemens progressifs de parties, régis par les circonstances, ce qui nous paraît être un but, et qui n'est réellement qu'une nécessité. Les climats, les situations, les milieux habités, les moyens de vivre et de pourvoir à sa conservation, en un mot, les circonstances particulières dans lesquelles chaque race s'est rencontrée, ont amené leurs habitudes; celles-ci y ont plié et approprié les organes des individus; et il en est résulté que l'harmonie que nous remarquons partout entre l'organisation et les habitudes des animaux, nous paraît une fin prévue, tandis qu'elle n'est qu'une fin nécessairement amenée (1). »

« La *nature* n'étant point une intelligence, n'étant pas même un être, mais un ordre de choses constituant une puissance partout assujet-

---

(1) Qu'est-ce donc que ce *Nisus* formateur dont on s'est servi pour expliquer, à l'égard des corps vivans, soit les faits généraux de développement et de variation de ces corps, soit les faits particuliers que présente l'histoire physique de l'*homme* dans les variétés reconnues de son espèce; qu'est-ce, dis-je, que le *Nisus* formateur dont il s'agit, si ce n'est cette *puissance* même de la *nature* que je viens de signaler !

tie à des lois, la *nature*, dis-je, n'est donc pas Dieu même. Elle est le produit sublime de sa volonté toute-puissante; et, pour nous, elle est celui des objets créés le plus grand et le plus admirable. »

« Ainsi la volonté de Dieu est partout exprimée par l'exécution des lois de la nature, puisque ces lois viennent de lui. Cette volonté néanmoins ne saurait y être bornée, la puissance dont elle émane n'ayant point de limites. Cependant il n'en est pas moins très-vrai que, parmi les faits physiques et moraux, jamais nous n'avons occasion d'en observer un seul qui ne soit véritablement le résultat des lois dont il s'agit. »

Passons à la seconde erreur que nous avons citée, en parlant des confusions d'idées auxquelles la considération de la *nature* a donné lieu; à celle qui consiste en ce que beaucoup de personnes regardent comme synonymes les mots *nature* et *univers* ou monde physique; et tâchons de la détruire.

« Ces deux mots, *nature* et *univers*, si souvent employés et confondus, auxquels on n'attache, en général, que des idées vagues, et sur lesquels la détermination précise de l'idée que l'on doit se former de chacun d'eux, paraît une folle entreprise à certaines personnes, me semblent devoir être distingués dans leur signification, car ils concernent des objets essentiellement différens. Or, cette distinction est tellement importante que, sans elle, nous nous égarerons toujours dans nos raisonnemens sur tout ce que nous observons. »

Pour moi, la définition de l'*univers* ne peut être autre que la suivante; et la seule considération de ce qu'est essentiellement la *matière*, suffira pour en montrer le fondement; la voici:

L'*univers* est l'ensemble inactif et sans puissance propre, de tous les êtres matériels qui existent.

« C'est donc du monde ou de l'univers *physique* dont il s'agit uniquement dans cette définition. Ne pouvant parler que de ce qui est à la portée de nos observations, c'est seulement de celles des parties de l'*univers* que nous apercevons qu'il nous est possible de nous procurer quelques connaissances, tant sur ce que sont ces parties elles-mêmes, que sur ce qui les concerne. »

« Là, se borne tout ce que nous pouvons raisonnablement dire de l'*univers*. Chercher à expliquer sa formation, à déterminer tous les objets qui entrent dans sa composition, serait assurément une folie. Nous n'en avons pas les moyens ; nous n'en connaissons que très-peu de chose ; nous savons seulement que son existence est une réalité. »

« Cependant la *matière* faisant la base de toutes ses parties, je puis montrer qu'il est en lui-même inactif et sans puissance propre, et que ce que nous devons entendre par le mot *nature*, lui est tout-à-fait étranger. »

C'est une pensée incontestable, et effectivement admise par les philosophes de tous les temps, que celle qui nous fait regarder la *matière* comme étant inerte, incapable d'avoir en propre aucun mouvement, aucune activité, mais pouvant seulement recevoir et transmettre du mouvement, sans jamais en produire elle-même : la matière est donc un objet essentiellement passif.

Cette vérité, de toute évidence, tant qu'il ne s'agit que de la *matière*, ne paraît pas généralement applicable aux corps qui, néanmoins, en sont uniquement formés ; car, parmi ces corps, qui tous ne sont que des assemblages de particules de matière, et particulièrement parmi ceux qui sont fluides, on en remarque beaucoup qui semblent jouir en propre d'une véritable activité. Mais il est facile de faire voir que si les corps fluides paraissent doués d'une activité quelconque, ils la doivent, soit à des causes hors d'eux, soit à un état accidentel qui les éloigne de celui qui leur est propre, état qu'ils reprennent, ou tendent à reprendre, dès que la possibilité de le faire se présente. Je me suis déjà convaincu du fondement de ces faits à l'égard du calorique et de quelques autres fluides, actifs accidentellement, quoique l'état passager qui leur donne cette activité nous paraisse durable; parce que les causes qui le renouvellent ou l'entretiennent, sont telles aussi relativement à nous. L'*attraction* elle-même n'est qu'un fait constaté, mais qui ne prouve rien contre l'inactivité de la matière, et conséquemment contre celle qui est naturelle à tous les corps. Elle porte seulement à penser qu'une cause, trop générale pour que nous ayons les moyens de la saisir, donne lieu à ce fait.

Ainsi, en approfondissant ce grand sujet, je crois pouvoir assurer, à l'égard de l'ensemble de matières et de corps qui constitue l'*univers* ou le monde physique, que cet ensemble n'est point et ne peut être une puissance; qu'il ne peut avoir aucune activité qui lui soit propre, et qu'il n'en saurait avoir conséquemment sur ses parties, la source de toute activité lui étant tout-à-fait étrangère; enfin, je crois de même être fondé dans cette assertion, que toutes les parties de l'univers physique n'ont réellement pas par elles-mêmes plus d'activité que l'ensemble qu'elles composent; que toutes sont véritablement passives, quoique certaines d'entre elles soient circonstanciellement douées de la puissance d'agir; et que ce sont toutes ces parties qui constituent l'unique et vaste domaine de la *nature*.

Quant à l'ensemble dont je viens de parler, en un mot, à cet *univers physique* qui forme pour la nature un domaine si étendu, je ne doute pas qu'il ne soit indestructible et immutable, quoique toutes ses parties soient continuellement modifiées et changeantes; et je pense qu'il subsistera tel qu'il est, tant que la volonté de son SUBLIME AUTEUR le permettra.

Maintenant, je vais montrer que la *nature* n'est nullement dans la catégorie où se trouve l'*univers physique*; que si celui-ci a la matière pour base de toutes ses parties, la matière n'entre dans aucune des parties de celle-là; et qu'en effet, la *nature* n'est ni un corps, ni un être quelconque, ni un ensemble d'êtres, ni un composé d'objets passifs; mais qu'elle offre au contraire un ordre de choses particulier, constituant une puissance toujours active, laquelle est, néanmoins, assujettie dans tous ses actes.

C'est, effectivement, la *nature* qui fait exister,

non la matière, mais tous les corps dont la matière est essentiellement la base; et, comme elle n'a de pouvoir que sur cette dernière, et que son pouvoir à cet égard ne s'étend qu'à la modifier diversement, qu'à changer et varier sans cesse ses masses particulières, ses associations, ses agrégats, ses combinaisons différentes, on peut être assuré que, relativement aux corps, c'est elle seule qui les fait ce qu'ils sont, et que c'est elle encore qui donne aux uns les propriétés, et aux autres les facultés que nous leur observons.

Qu'est-ce donc, encore une fois, que la *nature*, puisque ce n'est point une intelligence? En quoi consiste cet ordre de choses qui a tant de puissance, et qui, lui-même, en établit d'autres? Et, si ce même ordre de choses est immatériel dans toutes ses parties, par quelle voie pouvons-nous parvenir à le connaître, puisque toutes nos connaissances positives proviennent originairement de nos sensations? Par l'exposition suivante, je crois donner la solution de toutes ces questions.

Définition de la Nature, et exposé des parties dont se compose l'ordre de choses qui la constitue.

La *nature* est un ordre de choses composé d'objets étrangers à la matière, lesquels sont déterminables par l'observation des corps, et dont l'ensemble constitue une puissance inaltérable dans son essence, assujettie dans tous ses actes, et constamment agissante sur toutes les parties de l'univers physique.

Si l'on oppose cette définition à celle que j'ai donnée de l'univers, qui n'est que l'*ensemble de tous les êtres physiques et passifs*, c'est-à-dire, *de tous les corps et de toutes les matières qui existent*, on reconnaîtra que ces deux ordres de choses sont extrêmement différens, tout-à-fait séparés, et ne doivent pas être confondus.

En ayant eu, presque de tout temps, le sentiment intime, quoique nous ne nous en soyons jamais rendu compte, nous ne les avons pas effectivement confondus; car pressentant cet *ordre inaltérable* de causes sans cesse actives, et le distinguant des êtres passifs qui y sont assujettis, nous l'avons en quelque sorte personnifié, en lui donnant le nom de *nature;* et depuis, nous nous servons habituellement de cette expression, sans nous occuper des idées précises que nous devons y attacher.

Nous allons voir que les objets, non physiques, dont l'ensemble constitue la *nature*, ne sont point des êtres, et conséquemment ne sont ni des corps, ni des matières; que, cependant, nous avons pu les connaître à l'aide de l'observation des corps; qu'ils se sont trouvés à notre portée par cette voie; que ce sont même les seuls objets étrangers aux corps et aux matières dont nous puissions nous procurer une connaissance positive. Examinons donc ces objets singuliers; et considérons le grand pouvoir qui résulte de l'ensemble qu'ils composent.

Objets métaphysiques dont l'ensemble constitue la nature.

Si la définition que j'ai donnée de la *nature* est fondée, il en résulte que cette dernière n'est qu'un ensemble d'objets métaphysiques, tous étrangers par conséquent aux parties de l'univers; que la source de ces objets ne saurait nous être connue, et doit être attribuée à une création particulière, à la volonté du PUISSANT AUTEUR de toutes choses; et que cet ensemble d'objets forme un *ordre de choses* continuellement actif; et muni de moyens qui permettent et régularisent tous ses actes. Ainsi, la *nature* se compose :

1°. « Du *mouvement*, que nous ne connaissons que comme la modification d'un corps qui change de lieu ; qui n'est essentiel à aucune matière, à aucun corps ; et qui est cependant inépuisable dans sa source, et se trouve répandu dans toutes les parties des corps ; »

« 2°. De *lois* de tous les ordres, qui, constantes et immutables, régissent tous les mouvemens, tous les changemens que subissent les corps, et qui mettent dans l'univers, toujours *changeant* dans ses parties et toujours le *même* dans son ensemble, un ordre et une harmonie inaltérables. »

La puissance assujettie qui résulte de l'ordre de causes actives que je viens de citer, a sans cesse à sa disposition :

1°. « L'*espace* ; dont nous ne nous sommes formé l'idée qu'en considérant le lieu des corps, soit réel, soit possible ; que nous savons être immobile, partout pénétrable et indéfini ; qui n'a de parties finies que celles des lieux que remplissent les corps, enfin, que celles qui résultent de nos mesures d'après les corps, et d'après les lieux que ces corps peuvent successivement occuper en se déplaçant ; »

2°. « Le *temps* ou la *durée*, qui n'est qu'une continuité, avec ou sans terme, soit du mouvement, soit de l'existence des choses; et que nous ne sommes parvenus à mesurer, d'une part, qu'en considérant la succession des déplacemens d'un corps, lorsqu'étant animé d'une force uniforme, nous avons divisé en parties la ligne qu'il a parcourue, ce qui nous a donné l'idée des durées finies et relatives; et, de l'autre part, lorsque nous avons comparé les différentes durées d'existence de divers corps, en les rapportant à des durées finies et déjà connues. »

Ainsi, l'on peut maintenant se convaincre que l'ordre de choses qui constitue la *nature*, et que les moyens que cette dernière a sans cesse à sa disposition, sont des objets essentiellement distincts de l'ensemble d'êtres matériels et passifs dont se compose l'*univers physique;* car, à l'égard de la *nature*, ni le mouvement, ni les lois de tous les genres qui produisent et régissent ses actes, ni le temps et l'espace dont elle dispose sans limites, ne sont le propre de la matière, et l'on sait que la matière est la base de tous les corps physiques dont l'ensemble constitue l'*univers*.

Ce qui prouve que la *nature* n'est point une puissance suprême, mais un pouvoir assujetti, quoique très-grand, c'est que le temps, pour elle, est une condition de rigueur, et qu'elle ne fait rien, absolument rien, sans l'emploi de celui-ci. L'idée, au contraire, que nous avons dû nous former de la *toute puissance* divine, est qu'elle ne peut être astreinte par aucune impossibilité. Elle crée un objet, selon sa volonté, et le fait exister sans qu'aucune durée quelconque soit nécessaire pour sa formation. Ce n'est assurément pas là le propre du pouvoir de la nature. Aussi, nous pouvons concevoir les moyens de cette dernière, et jamais notre faible intelligence ne pourra comprendre la puissance infinie qui a donné lieu à tout ce qui existe, en un mot, créé la *nature* elle-même.

Puisqu'à l'aide de l'observation des corps, nous avons pu apercevoir ce qui constitue réellement la *nature* et nous en former une idée; que nous avons pu de même nous en former une de l'*univers* ou du monde physique, en considérant ce que sont essentiellement ses parties; il en résulte que la définition que j'ai donnée de l'un et de l'autre de ces deux ordres de choses, étant réduite à sa plus grande simplicité, présente de chacun l'idée la plus précise et la plus exacte que nous puissions avoir. Pour la *nature*, activité, lois et moyens sans terme, mais partout assujettis; pour l'*univers*, ensemble immense d'objets passifs et essentiellement inactifs, ensemble qui constitue et borne l'unique domaine de la première.

Que l'on excepte la plus grande des pensées de l'homme, celle qui l'a élevé jusqu'à la connaissance de l'ÊTRE SUPRÊME, et qu'on me dise s'il peut exister pour lui un plus grand sujet que celui dont je viens de traiter, un sujet surtout qu'il lui importe le plus de considérer, sous tous les rapports! Loin donc qu'il puisse se réduire à un simple objet de curiosité, je pourrais prouver que de tout ce dont l'homme peut s'occuper, ce même sujet est celui qui mérite le plus son attention; que presque tous ses maux, dans ce monde, lui viennent de ce qu'il le néglige; qu'enfin, c'est uniquement de la connaissance de la *nature*, et de l'étude suivie de celles de ses lois qui sont relatives à son être physique, qu'il peut retirer pour sa conservation, pour son bien-être, et pour sa conduite, dans ses relations avec ses semblables, les seuls avantages réels qu'il puisse obtenir de l'observation.

Quant à la *nature* considérée dans ses rapports avec l'*univers*, ou avec les parties du monde physique, c'est, sans doute, un objet de curiosité, mais qui est vraiment philosophique, et digne des grandes pensées de l'homme, qui seul a le pouvoir de l'embrasser. Reprenons-en donc la considération, afin d'en acquérir, s'il est possible, une juste idée; nous examinerons ensuite celles des parties de cette considération qui nous concernent immédiatement, les avantages immenses que nous pouvons obtenir de leur étude, et l'application que nous pouvons faire des lumières que cette étude nous procurera pour diriger convenablement et utilement toutes nos actions.

« Pour l'homme qui observe et réfléchit, le spectacle de l'univers, animé par la nature, est sans doute très-imposant, propre à émouvoir, à frapper l'imagination, et à élever l'esprit à de grandes pensées. Tout ce qu'il aperçoit lui paraît pénétré de mouvement, soit effectif, soit contenu par des forces en équilibre. De tous côtés il remarque, entre les corps, des actions réciproques et diverses, des réactions, des déplacemens, des agitations, des mutations de toutes les sortes, des altérations, des destructions, des formations nouvelles d'objets qui subissent à leur tour le sort d'autres semblables qui ont cessé d'exister, enfin, des reproductions constantes, mais assujetties aux influences des circonstances, qui en font varier les résultats; en un mot, il voit les générations passer rapidement, se succéder sans cesse, et en quelque sorte, comme on l'a dit : *Se précipiter dans l'abîme des temps.*

« L'observateur dont je parle, bientôt ne doute plus que le domaine de la nature ne s'étende généralement à tous les corps. Il conçoit que ce domaine ne doit pas se borner aux objets qui composent le globe que nous habitons, c'est-à-dire, que la nature n'est point restreinte à former, varier, multiplier, détruire et renouveler sans cesse les *animaux*, les *végétaux* et les corps *inorganiques* de notre planète. Ce serait, sans doute, une erreur que l'on commettrait, si l'on s'en rapportait à cet égard à l'apparence; car le mouvement répandu partout, et ses forces agissantes, ne sont probablement nulle part dans un équilibre parfait et constant. Le domaine dont il s'agit embrasse donc toutes les parties de l'univers, quelles qu'elles soient; et conséquemment les corps célestes, connus ou inconnus, subissent nécessairement les effets de la puissance de la nature. Aussi, l'on est autorisé à penser que, quelque considérable que soit la lenteur des changemens qu'elle exécute dans les grands corps de l'univers, tous, néanmoins, y sont assujettis; en sorte qu'aucun corps physique n'a nulle part une stabilité absolue. »

« Ainsi, la nature, toujours agissante, toujours impassible, renouvelant et variant toute espèce de corps, n'en préservant aucun de la destruction, nous offre une scène imposante et sans terme, et nous montre en elle une puissance particulière qui n'agit que par nécessité. »

« Tel est l'ensemble de choses qui constitue la nature, et dont nous sommes assurés de l'existence par l'observation; ensemble qui n'a pu se faire exister lui-même, et qui ne peut rien sur aucune de ses parties; ensemble qui se compose de causes ou de forces toujours actives, toujours régularisées par des lois, et de moyens essentiels à la possibilité de leurs actions; ensemble, enfin, qui donne lieu à une *puissance* assujettie dans tous ses actes, et néanmoins admirable dans tous ses produits. »

« La nature reconnue atteste elle-même son *auteur*, et présente une garantie de la plus grande des pensées de l'homme, de celle qui le distingue si éminemment de ceux des autres êtres qui ne jouissent de l'intelligence que dans des degrés inférieurs, et qui ne sauraient jamais s'élever à une pensée aussi grande. »

« Si l'on ajoute à cette vérité la suivante, savoir : que le terme de nos connaissances positives n'emporte pas nécessairement celui de ce qui peut exister, on aura en elles les moyens de renverser les faux raisonnemens dont l'immoralité s'autorise. »

« Reprenons la suite des développemens qui caractérisent la nature et qui montrent le vrai point de vue sous lequel on doit la considérer. »

« Puisque la nature est une puissance qui produit, renouvelle, change, déplace, enfin, compose et décompose les différens corps qui font partie de l'univers, on conçoit qu'aucun changement, qu'aucune formation, qu'aucun déplacement ne s'opère que conformément à ses lois, et quoique les circonstances fassent quelquefois varier ses produits et celles des lois qui doivent être employées, c'est encore, néanmoins, par des lois de la nature que ces variations sont dirigées. Ainsi, certaines irrégularités dans ses actes, certaines monstruosités qui semblent contrarier sa marche ordinaire, les bouleversemens dans l'ordre des objets physiques, en un mot, les suites trop souvent affligeantes des passions de l'homme, sont cependant le produit de ses propres lois et des circonstances qui y ont donné lieu. Ne sait-on pas, d'ailleurs, que le mot de *hasard* n'exprime que notre ignorance des causes. »

« A tout cela, j'ajouterai que des *désordres*

sont sans réalité dans la *nature*, et que ce ne sont, au contraire, que des faits dans l'ordre général, les uns peu connus de nous, et les autres relatifs aux objets particuliers dont l'intérêt de conservation se trouve nécessairement compromis par cet ordre général. (*Philos. zool.*, *vol.* 2, *p.* 465.) »
Il résulte de la considération de ces derniers faits, que nous appelons *désordre* tout ce qui nous nuit ou peut nous nuire; supposant présomptueusement que notre bien-être est le seul but pour lequel la nature fut instituée.

De la nécessité d'étudier la nature, c'est-à-dire, l'ordre de choses qui la constitue, les lois qui régissent ses actes, et surtout parmi ces lois, celles qui sont relatives à notre être physique.

L'homme, placé à la surface du globe qu'il habite, considérant d'abord qu'en quelque lieu qu'il soit, il est entouré d'une multitude de corps divers, dont plusieurs sont sans cesse en relation immédiate avec son être physique, que ces corps sont tous des produits de la nature, et que tous sont assujettis à ses lois dans leurs mutations variées; ne pouvant ensuite douter que son propre corps ne fasse partie de l'univers ainsi que tous les autres, puisqu'il est pareillement matériel, et qu'il ne soit aussi, comme eux, soumis au pouvoir de la *nature*, aux lois qui régissent les corps vivans, et plus particulièrement à celles qui concernent le corps animal; enfin, étant forcé de reconnaître que toutes les facultés dont il jouit sont des produits évidens de ses organes (conséquemment des phénomènes physiques), et subissent effectivement le même sort que ces derniers; peut-il donc regarder avec indifférence la connaissance de la *nature*, de celles de ses lois qui sont relatives à son être physique, en un mot, de tant d'agens divers qui influent sans cesse sur ses organes, sur la validité ou l'affaiblissement de leurs fonctions, ainsi que sur les différentes mutations d'état qu'il éprouve continuellement? Comment concevoir que l'homme, qui peut être infiniment supérieur, dans ses facultés d'intelligence, à ceux des autres êtres du règne dont il fait partie, qui est par conséquent bien plus capable qu'aucun d'eux de reconnaître ses véritables intérêts; comment concevoir, dis-je, qu'il soit néanmoins tellement insouciant à l'égard de la puissance dont il dépend d'une manière si absolue, sous le rapport de son être physique, qu'il ne daigne jamais s'occuper d'elle! Au lieu de s'appliquer constamment à l'étude de la *nature*, à celle de ses lois qui sont relatives à lui, ainsi qu'à ses intérêts dans chaque circonstance, afin de n'être jamais en contradiction avec elles dans ses actions, il préfère son ignorance à leur égard, conserve les préventions qu'on lui a inspirées, se livre à des désirs inconsidérés, s'abandonne à des penchans, à des passions qui compromettent ses plus grands intérêts, sa conservation même; en sorte que, toujours entraîné et sans guide, toujours dominé, toujours esclave et même victime, l'on peut dire qu'il est, en général, très-misérable.

L'homme connaissant mal ce qui lui est essentiel à savoir relativement à la nature de son organisation, au pouvoir de ses organes, à leur dépendance, ainsi qu'à celle des phénomènes qu'ils peuvent produire, enfin, à la source des facultés dont il jouit, comme aux moyens de les perfectionner graduellement; connaissant plus mal encore ce qui doit le guider dans ses relations avec ses semblables, et la part qui appartient aux lois de la nature, soit dans ses propres actions, soit dans celles des autres individus de son espèce; en outre, trop souvent abusé par un *faux-savoir*, qui, lui montrant sous un faux jour quantité de sujets qu'il considère, et lui faisant donner une confiance absolue aux jugemens qu'il porte, soit sur ses propres actions;

soit sur celles des autres, le trompe souvent dans son attente, et semblerait faire douter si l'usage de ses facultés intellectuelles ne lui est pas plus funeste qu'avantageux; enfin, attribuant toujours ses malheurs à un sort contraire, à la *fatalité*, tandis qu'ils ne sont dus qu'à ses faux calculs, qu'à son ignorance des lois de la nature, avec lesquelles il se met presque toujours en opposition; on le voit persister dans son insouciance, relativement à la puissance dont il est partout si dépendant, et subir les maux qui doivent résulter de sa négligence et de son inconséquence.

Qu'il sache donc que tous les corps sans exception, soit ceux qui sont inorganiques, soit ceux qui jouissent de la vie, sont assujettis aux lois de la *nature* dans tout ce qui les concerne; que, conséquemment, les phénomènes que produisent ces corps ou certaines de leurs parties sont dans le même cas : en sorte que tout ce qu'il peut observer est absolument dans la même dépendance. Alors il concevra l'importance pour lui de reconnaître et d'étudier sans cesse la puissance qui exerce sur sa durée, son état, ses penchans, ses pensées, ses actions, un pouvoir si absolu.

HOMMES, qui l'emportez sur tous les autres êtres vivans par une aussi grande supériorité de facultés et de moyens, mais que la *nature* a placés comme eux dans un immense torrent qui vous entraîne, considérez donc le cours de ce torrent; étudiez et reconnaissez les nombreux écueils qui se trouvent dans son sein, si vous ne voulez être victimes des fausses directions que, par votre ignorance de ces écueils, vous pouvez donner à vos actions, en les mettant en contradiction avec l'ordre de choses auquel vous êtes assujettis.

Montrons actuellement les principaux objets qui doivent attirer l'attention de l'homme, dans son étude de celles des lois de la *nature* qu'il lui importe le plus de reconnaître, parce qu'elles sont relatives, les unes à son être physique, et les autres à sa tranquillité et à son bonheur.

Si, distinguant, à son égard et par sa pensée, le *physique* de ce qu'il appelle le *moral*, l'homme entend, par là, distinguer les organes mêmes des phénomènes que leurs fonctions produisent, et applique plus particulièrement cette distinction aux organes et aux fonctions organiques qui lui donnent des idées, le font comparer, juger et penser, alors il reconnaîtra que l'un et l'autre de ces deux objets sont entièrement du domaine de la nature. Il les trouvera effectivement régis par ses lois, et il remarquera que l'un et l'autre sont également susceptibles de développemens, d'acquérir une éminence, un perfectionnement plus ou moins considérables, enfin de subir des altérations plus ou moins grandes dans leur intégrité, et cela, de part et d'autre, dans des rapports parfaits. Cette considération, toujours et partout constatée par les faits, lui fera sentir l'importance de régler, par l'observation des lois de la nature, d'une part, tout ce qui concerne son être physique ou qui se trouve en relation avec lui, et, de l'autre part, ce qui est relatif aux actes de sa pensée.

Relativement à son être physique, deux ordres de considérations doivent partager l'attention de l'homme, parce qu'à l'égard de l'un et de l'autre, la connaissance des lois de la nature lui est d'une nécessité absolue.

Par le premier de ces deux ordres, il s'occupe de l'étude de sa propre organisation, des lois qui dirigent ses différens actes, de celles qui concernent les fonctions de ses divers organes, des causes qui peuvent troubler leur harmonie, altérer leurs facultés, et il entreprend d'y remédier, sans se mettre en opposition avec les lois de la nature. Sauf une comparaison plus étendue avec les autres organisations animales, dont il peut obtenir beaucoup de lumières, je n'ai rien à lui proposer sur ce sujet important, parce qu'il ne l'a point négligé.

Par le deuxième ordre de considérations, il doit s'appliquer à l'étude des agens extérieurs et divers qui exercent sur son corps des influences variables, souvent considérables, influences qui altèrent sa santé, lui donnent des maladies, et compromettent fréquemment sa conservation. Malgré l'importance de ce sujet, on peut lui reprocher le tort de l'avoir jusqu'à présent négligé, et j'aurais à cet égard bien des réflexions à lui présenter; mais je me bornerai à la simple indication de l'étude dont il est enfin nécessaire qu'il s'occupe.

En effet, plongé continuellement dans la base de l'atmosphère, dont il supporte le poids ainsi que la pression de toutes parts, et, en outre, sans cesse entouré de différens fluides actifs qui se meuvent dans le sein de cette atmosphère, tous invisibles pour lui, les uns n'agissant sur lui qu'à l'extérieur, tandis que les autres le pénètrent plus ou moins rapidement, l'homme est de temps à autre diversement affecté, quelquefois même très-fortement, par les influences variables de tant d'agens qui l'environnent; agens qui subissent, dans leurs agitations, leurs déplacemens, leurs densités et leur puissance d'action, des variations souvent très-considérables.

Les résultats de ces influences diverses, dont les animaux éprouvent aussi les suites, sont, pour l'homme, tantôt d'affaiblir l'activité de ses mouvemens vitaux, ainsi que celle des fonctions de ses organes, de faire varier en lui les sécrétions et les excrétions, d'interrompre quelquefois le cours de certaines d'entre elles, de préparer ou de donner lieu à diverses maladies; et tantôt de ranimer l'énergie vitale, d'accroître le ton des solides réagissans, en un mot, d'opérer des effets très-opposés aux premiers, mais qui, dans certaines circonstances, peuvent être encore très-nuisibles.

Les déplacemens et les agitations des fluides environnans dont je viens de parler sont presque toujours en rapport dans leurs variations avec celles de l'atmosphère qui les contient. Or, comme les variations de celle-ci sont elles-mêmes excitées par différentes causes dont les principales sont reconnaissables par l'observation, réglées dans le cours de leurs paroxismes, déterminables dans leurs retours; il nous est donc possible, à l'aide d'une étude convenable et suivie, d'assigner les époques où nous serons exposés à supporter au moins les plus grandes influences sur nous de ces causes d'action.

Ici, je ne considère que les effets immédiatement relatifs au corps de l'homme, de la part des grandes variations de l'atmosphère, ainsi que de celles des fluides divers qu'elle contient; effets qu'il lui importerait de mieux connaître sous tous leurs rapports, parce qu'il pourrait alors leur opposer des mesures de précaution, afin d'en être moins victime. Mais son intérêt à cet égard ne se borne pas à s'efforcer d'y échapper lui-même; les grandes variations de l'atmosphère affectent et détruisent trop souvent ce qu'il a de plus précieux; et qui ne sait que les pluies, les grêles, les orages, les ouragans et les tempêtes ravagent ses habitations, anéantissent ses propriétés, lui causent des torts souvent incalculables, et même exposent sa vie dans diverses circonstances?

Cependant, il reste indifférent à l'égard de causes qui amènent pour lui des effets si dangereux; et quoiqu'il ne puisse douter que ces causes ne soient nécessairement régies par des lois, et qu'elles n'aient un ordre effectif, il ne fait aucun effort, ne tente aucune recherche pour parvenir à connaître les temps où il peut y être exposé!

Je viens d'énoncer les deux ordres de considérations qui doivent attirer l'attention de l'homme, relativement à son *être physique*; savoir : la connaissance de tout ce qui concerne sa propre organisation, et celle des causes extérieures qui peuvent l'affecter ou en troubler l'harmonie. Il lui importe assurément de connaître les lois de la *nature* à l'égard de tout ce qui se rapporte à ces deux sujets. Maintenant je vais passer à un objet moins connu encore, plus délicat, et qui, relativement à l'homme social, ne le cède nullement en intérêt aux précédens.

Il s'agit de reconnaître l'importance de considérer les *lois de la nature* à l'égard de ce qui concerne ce qu'on nomme le *moral de l'homme*, et de ce qui constitue la source de ses actions.

Je ne me propose pas de traiter à fond ou dans son entier ce vaste sujet; mon objet et surtout mes moyens ne me permettent nullement de l'entreprendre. Mais, convaincu de la nécessité d'en reconnaître les bases, c'est-à-dire, de signaler les points essentiels de départ qui seuls peuvent fournir les moyens de le développer d'une manière utile, j'ai cru devoir exposer ici ma pensée sur cet objet important.

L'homme a reçu de la nature des *penchans* qui se développent plus ou moins, selon les circonstances de sa situation. J'en ai fait l'exposition dans l'introduction de *l'Histoire naturelle des animaux sans vertèbres* (vol. 1, p. 259); et j'y renvoie.

Tantôt la presque totalité de ces penchans se trouve comme anéantie, dans tel individu, par les suites d'une position misérable, pénible et de toute part dépendante; tantôt dans tel autre individu, moins mal partagé, tel ou tel de ces penchans parvient à se développer, à se transformer même en passion; enfin, souvent, dans tel autre, dont la situation sociale est plus avantageuse encore, plusieurs de ces penchans acquièrent des développemens remarquables; mais presque toujours l'un d'entre eux devient dominant, et, s'il se change en passion, il affaiblit ou semble affaiblir les autres. C'est surtout dans les hautes situations que le développement des *penchans naturels* se fait le plus fortement remarquer.

C'est assurément dans ces *penchans* développés qu'il faut chercher les causes qui influent le plus sur la direction des actions de l'homme. Mais cette direction reçoit des modifications plus ou moins grandes de la part du jugement de chaque individu, selon que ce jugement a plus ou moins de rectitude, c'est-à-dire, selon qu'il est le résultat de plus ou moins de connaissances acquises et de plus ou moins d'expérience mise à profit.

Ce sont là, pour moi, les points de départ les

plus propres à montrer la véritable source des actions humaines qui sont généralement si variées, si diverses, si contrastantes, si singulières même.

La tendance continuelle de l'homme vers le *bien-être* ou vers un *meilleur être* lui faisant sans cesse désirer une situation nouvelle, et toujours fonder ses espérances sur l'avenir, rend les individus privés de lumières, proportionnellement plus crédules, plus amis du merveilleux, plus indifférens pour les idées solides, pour les vérités mêmes, leur donne un grand attrait pour des illusions qui les flattent, enfin, les porte à des craintes et à des espérances imaginaires.

Cette manière d'être et de sentir, étant le propre de l'immense majorité des individus de toute population, a fourni aux plus avisés qui en font partie, les moyens d'abuser et de dominer les autres. Il leur a été facile, par là, de changer en pouvoir absolu, les institutions originairement établies pour la conservation et l'avantage de la société. C'est donc principalement à l'ignorance des choses, et au très-petit cercle d'idées dans lequel vivent les individus de cette majorité, qu'il faut rapporter la plupart des maux moraux qui affligent, dans tant de contrées, l'homme social.

Considérons maintenant comment et par quelle

voie il peut s'affranchir des *illusions* qui lui sont plus nuisibles qu'utiles.

Si l'homme se fût appliqué à distinguer les vérités qu'il peut parvenir à connaître, des illusions qu'il se forme, c'est-à-dire, de celles de ses pensées qui ne s'appuient sur aucune base, ou autrement à distinguer ce qui est positif, comme les faits, de ce qui n'est que le résultat de ses raisonnemens même d'après les faits; s'il eût, en outre, considéré qu'il ne lui est possible d'acquérir des idées que par la voie de l'observation, que par les conséquences qu'il en tire; enfin s'il eût reconnu que toute idée qu'il ne tiendrait pas directement de l'observation, ou qui ne serait pas une conséquence déduite de faits observés, doit être absolument nulle pour lui, alors il n'eût pas été exposé à tant de prestiges, à tant d'erreurs, qui lui furent souvent si funestes.

L'intérêt le plus pressant de l'homme, celui qu'il lui importe le plus de considérer, doit donc lui faire reconnaître la nécessité de circonscrire clairement, dans sa pensée, le champ des connaissances réelles qu'il peut se procurer, et de s'en former une idée juste, afin de ne pas s'exposer à la tentation, toujours infructueuse, d'en sortir, et se mettre par là dans le cas d'être la dupe de ceux qui auraient des motifs pour l'égarer. Or, la culture du champ dont il est question lui apprendra que les connaissances auxquelles il peut parvenir sont de deux ordres; savoir : 1°. les faits constatés par l'observation, qui tous sont pour lui des vérités positives; 2°. les conséquences tirées des faits observés, lesquelles peuvent être encore des vérités, mais aussi, le plus souvent, peuvent être erronées, puisqu'elles dépendent de son *jugement*. Cependant, à l'aide de l'étude et de la méditation, il peut opérer le redressement de ces dernières, et se procurer aussi, par elles, la connaissance de beaucoup de vérités. Ainsi, il n'*y* a pour l'homme de vérités saisissables, de connaissances certaines, que celles des faits qu'il peut observer, et que celles qu'il peut obtenir des conséquences qu'il tire de ces mêmes faits, lorsqu'il possède tous les élémens qui doivent servir au fondement de ces conséquences. Hors de là, hors du *champ des réalités*, le seul qui soit à sa disposition, il ne peut y avoir pour lui que des illusions, et il lui est facile, en effet, de s'en former plusieurs qui lui soient agréables et dans lesquelles il se plaise, mais qui peuvent lui être plus nuisibles qu'avantageuses.

Néanmoins, quoiqu'il soit réduit à ne pouvoir

se procurer de connaissances positives que relativement aux objets physiques qui sont à sa portée, il ne saurait douter qu'il ne puisse exister d'autres objets qui constituent des vérités auxquelles il ne peut atteindre; car, ne pouvant raisonnablement assigner aucune direction à la volonté du *suprême auteur* de toutes choses, dont la puissance est sans doute infinie, il ignore nécessairement ce que DIEU a voulu, ce qu'il lui a plu de faire, et, à cet égard, ne peut rien assurer, rien nier. Enfin, comme il ne lui est pas donné de pouvoir connaître aucune des vérités dont il s'agit, mettre ses suppositions à leur place, serait évidemment une folie. Pénétré du fondement de ces considérations, et voulant lui faciliter la détermination du champ des connaissances auxquelles il peut aspirer, connaissances qui lui sont toutes utiles et la plupart très-importantes, je lui propose donc la circonscription suivante qui renferme les sources de toutes les vérités auxquelles il peut parvenir.

Exposition des sources où l'homme a puisé les connaissances qu'il possède, et dans lesquelles il en pourra recueillir quantité d'autres ; sources dont l'ensemble constitue pour lui le champ des réalités.

1°. — La considération du monde physique, dont les parties observées, offrant partout une activité, un ordre et une harmonie inaltérables, ont élevé la pensée de l'homme jusqu'à la connaissance du *suprême auteur* de tout ce qui est;

2°. — De la nature, c'est-à-dire, de cet ordre de choses immutable, qui répand et conserve l'activité dans les parties du monde physique, y régit, par des lois, tous les mouvemens, tous les changemens qui s'y observent, et qui exerce un pouvoir absolu sur tous les corps quelconques, ainsi que sur les phénomènes qu'ils peuvent produire;

3°. — Des lois de tous les ordres qui dirigent tous les mouvemens, tous les changemens qui s'observent à l'égard des corps;

4°. — Des portions finies de l'espace, mesurées par les lieux qu'occupent les corps, par les distances qui les séparent, et par celles qu'ils parcourent lorsqu'ils se déplacent ;

5°. — Des durées limitées, mesurées par les déplacemens que subissent des corps, mus par un mouvement uniforme, ou par les durées mêmes de certains de ces corps ;

6°. — Du mouvement répandu partout, inépuisable dans sa source, reconnaissable par l'observation des corps, opérant les déplacemens des uns, des agitations dans les parties des autres, et des changemens divers ;

7°. — De la matière dont toutes les parties de l'univers ou monde physique sont composées, et des corps qui tous en sont formés, leur ensemble constituant le domaine exclusif de la nature ;

8°. — De la forme extérieure des corps, de leurs qualités, de la structure interne de ceux qui ne sauraient *vivre*, et de l'organisation de ceux qui jouissent de la vie ;

9°. — Des propriétés générales des corps, de celles qui sont particulières à chacun d'eux, et des suites des relations qu'ils ont ou peuvent avoir les uns avec les autres ;

10°. — De la composition des corps, distincte de l'agrégation ou de la réunion des molécules qui forment les masses, des faits qui appartiennent à la combinaison des principes dans toute molécule intégrante composée, et de l'individualité des espèces ;

11°. — Des changemens, décompositions, combinaisons, renouvellemens et reproductions, qui se remarquent à l'égard de beaucoup de corps, et qui ont probablement lieu, soit les uns, soit les autres, pour tous ;

12°. — Des quantités, en nombre ou en dimension, applicables aux corps, au temps fini de leur durée ou de leur changement de lieu, à l'espace limité qu'embrassent ceux qui se déplacent, enfin, aux énumérations qui les concernent, ou à des quantités abstraites ;

13°. — Des phénomènes qui appartiennent à l'organisation des corps vivans, soit à son ensemble, soit à des fonctions d'organes spéciaux; phénomènes parmi lesquels les plus éminens, qui s'observent dans certains animaux et surtout dans l'homme, avec une extension sans limites assignables, constituent, pour chaque individu, son sentiment intérieur, ses penchans, sa faculté d'acquérir des idées et d'exécuter des opérations avec ces idées : causes diverses qui entraînent ou excitent ses actions ;

14°. — Des ensembles particuliers de corps divers, distingués par des rapports qui les réunissent; ensembles qui constituent, parmi les corps observés, des distinctions particulières, comme celles des règnes, des classes, etc., objets, soit des parties de l'art en histoire naturelle, soit de nos sciences astronomiques et de physique générale;

15°. — Enfin, des résultats des penchans, des affections et des besoins de l'homme; résultats qui donnent lieu à ses mœurs, variées selon les temps, les climats et ses divers degrés de civilisation; à ses opinions, ses croyances, ses institutions diverses; à ses actions les plus mémorables: de là, son histoire recueillie plus ou moins fidèlement; les monumens de ses entreprises, de ses travaux; ses ouvrages d'imagination, sa philosophie, ses sciences, etc.

Telle est la circonscription positive du *champ des réalités* pour l'homme; de ce champ qui renferme les diverses sources où il puise toutes ses idées, même celles qui sont du domaine de son imagination; de ce champ qui seul lui fournit les connaissances réelles qu'il possède, et pourra toujours lui en procurer une infinité d'autres ; de ce champ enfin, où il peut recueillir les seules vérités qu'il lui soit donné de pouvoir découvrir.

Ce même champ, embrassant dans ses limites les seules portions de l'univers que l'homme puisse apercevoir, ainsi que la nature qui anime et régit partout les objets qui composent ce grand ensemble, est sans doute infiniment vaste pour lui ; aussi n'en épuisera-t-il jamais la fertilité à son égard. Peut-être, cependant, qu'il est encore fort restreint, relativement à tout ce qui est ; mais il est interdit à l'homme d'en sortir, et de rien connaître de ce qui n'en provient pas. Ce sont là des vérités du premier ordre et des plus importantes à considérer pour lui, parce qu'elles seules peuvent l'empêcher de s'égarer. Ces mêmes vérités ont cependant échappé aux philosophes de tous les temps.

Toutes les connaissances que l'homme peut se procurer par la culture du vaste champ dont il s'agit, c'est-à-dire, par l'observation des faits qu'il lui offre, et même par les conséquences qu'il peut tirer de ces faits, lui sont assurément utiles, soit directement, soit indirectement. Aucune des vérités qu'il y peut recueillir non-seulement ne saurait lui nuire, mais même ne peut que lui être profitable. L'erreur seule est dangereuse pour lui. Aussi, quoique, par les conséquences qu'il tire de l'observation des faits, il puisse parvenir à la découverte d'un grand nombre de vérités, il doit être très-réservé dans l'emploi de ces mêmes conséquences, qui ne sont que le résultat de son jugement, et il doit l'être d'autant plus que ses connaissances de la nature sont moins avancées.

Or, si la matière créée est le domaine exclusif de la *nature*, et que, par suite de l'activité inépuisable qui fait essentiellement partie de cet ordre de choses, tout corps quelconque, de quelque taille, forme ou nature qu'il soit, et dans quelque lieu qu'il puisse être placé, en soit réellement le produit; si, ensuite, les corps lui doivent généralement, soit les mouvemens de leurs masses, soit les agitations de leurs parties, soit leurs changemens d'état, soit leurs destructions et leurs renouvellemens, soit les actions que les uns exercent sur les autres, soit encore les phénomènes qui en résultent et ceux que certains d'entre eux produisent, et que partout ces différens faits soient dirigés par ses lois; si, enfin, le corps humain lui est entièrement assujetti, comme les autres, et que tout ce qui appartient à ce corps, ainsi que ce qui en provient, lui soit pareillement soumis, et qu'il le soit particulièrement à celles de ses lois qui régissent ses développemens, ses changemens d'état, les phénomènes de son organisation, son sentiment intérieur, ses penchans, la direction des pensées qu'il exécute; de quelle importance ne doit donc pas être pour l'homme l'étude ou la connaissance de cette même *nature* dont il est si dépendant!

Quelle autre science pourrait lui être plus directement utile, en effet, que celle que constitue *l'histoire naturelle*, que cette science qui a pour objet la connaissance de la nature, de ses lois, de ses opérations, de ses produits; qui considère non-seulement les corps perceptibles, de quelque règne et dans quelque situation qu'ils soient, mais, en outre, les mouvemens qu'on observe dans beaucoup d'entre eux, les agitations qu'ils éprouvent dans leurs parties, les résultats des relations qu'ils ont les uns avec les autres, les changemens lents ou prompts qu'ils subissent, les phénomènes produits, soit hors d'eux, soit en eux-mêmes, par les suites des relations citées, enfin, les lois qui dirigent ces mouvemens, ces agitations, ces changemens, en un mot, ces phénomènes dans tous les cas?

Si c'est là l'objet de *l'histoire naturelle*,

l'homme est forcé de reconnaître que la science dont il s'agit est assurément la plus grande et la plus importante de toutes celles dont il puisse s'occuper; car, sous le rapport de son être physique, se trouvant, comme les autres corps, tout-à-fait dépendant des actions qui naissent de ses relations avec un si grand nombre de ces derniers, ainsi que des diverses agitations excitées dans ses parties, des changemens qui s'y produisent, et des lois qui régissent, soit les phénomènes de son organisation, soit ce qu'il éprouve sous quantité de considérations, il a le plus grand intérêt d'étudier et de connaître ces différens objets, afin de ne point se mettre en contradiction, par ses actions, avec un ordre et une force de choses auxquels il est entièrement assujetti.

Que l'homme, le plus éminemment distingué, par ses facultés, de tous les êtres qui, comme lui, habitent ce globe, ne dédaigne donc pas d'étudier les lois de la nature, même à l'égard de son *sentiment intérieur*, des *penchans* qu'il en reçoit généralement, et de son *intelligence;* les faits observés devant lui montrer jusqu'à l'évidence que ces phénomènes, qui lui paraissent si singuliers, si merveilleux, sont parfaitement organiques, toujours en rapport avec l'état de ses organes, nécessairement soumis au pouvoir ou aux lois de la nature, et que, par conséquent, la connaissance de celles de ces mêmes lois qui donnent lieu à ses penchans, qui provoquent le développement des uns ou des autres, selon les circonstances de sa situation, lesquelles influent si fortement sur ses actions, lui est devenue d'une nécessité absolue, dans son état actuel de civilisation.

En vain les moralistes ont fait de grands efforts pour remonter à la source des actions de l'homme, dans l'immense diversité de circonstances où il se trouve dans la société qu'il forme avec ses semblables, surtout si la civilisation du pays dans lequel il habite est fort avancée; n'ayant pas suffisamment étudié la nature, ni ce qui appartient à ses lois dans ces mêmes actions qui étaient l'objet de leurs recherches, ni les modifications qu'ont dû y apporter les circonstances particulières à chaque individu, ils les ont trouvées très-souvent inexplicables, et n'ont pu donner les lumières propres à les diriger dans le véritable intérêt de ceux qui les exécutent.

Pour de plus amples développemens à ce sujet, et afin de saisir l'enchaînement des causes qui dirigent constamment les actions de l'homme, et leur donnent tant de diversité à raison des circonstances dans lesquelles se rencontrent les individus, je renvoie de nouveau mes lecteurs à l'*Histoire naturelle des animaux sans vertèbres* (Introduction, vol. 1, p. 259), où j'ai exposé les penchans naturels de l'homme, penchans où ses actions prennent généralement leur source, ainsi que la force qui les excite.

Ici, j'ajouterai seulement qu'il me semble que le plus grand service que l'on puisse rendre à l'homme social, serait de lui offrir trois règles, sous la forme de principes : la première, pour l'aider à rectifier sa pensée, en lui faisant distinguer ce qui n'est que préjugé ou prévention, de ce qui est ou peut être, pour lui, connaissance solide ; la seconde, pour le diriger, dans ses relations avec ses semblables, conformément à ses véritables intérêts ; la troisième, pour borner utilement les affections que son *sentiment intérieur* et l'intérêt personnel qui en provient peuvent lui inspirer. Or, les règles dont il s'agit et que je lui propose, résident dans les trois principes suivans :

Premier principe : Toute connaissance qui n'est pas le produit réel de l'observation ou de conséquences tirées de l'observation, est tout-à-fait sans fondement, et véritablement illusoire ;

Second principe : Dans les relations qui existent, soit entre les individus, soit entre les diverses sociétés que forment ces individus, soit encore entre les peuples et leurs gouvernemens, la *concordance* entre les intérêts réciproques est le principe du bien, comme la *discordance* entre ces mêmes intérêts est celui du mal;

Troisième principe : Relativement aux affections de l'homme social, outre celles que lui donne la nature pour sa famille, pour les objets qui l'ont entouré ou qui ont eu des rapports avec lui dans sa jeunesse, et quelles que soient celles qu'il aît pour tout autre objet, ces affections ne doivent jamais être en opposition avec l'intérêt public, en un mot, avec celui de la nation dont il fait partie.

Je suis bien trompé, ou je crois qu'il sera difficile de remplacer ces trois principes par d'autres qui soient plus utiles, plus fondés et plus moraux que ceux que je viens de présenter pour régler la pensée, le jugement, les sentimens et les actions de l'homme civilisé. Je suis même très-persuadé que plus ce dernier s'écartera, par sa pensée, ses sentimens et ses actions, des trois principes exposés ci-dessus, plus aussi il contribuera à aggraver la situation en général malheureuse où il se trouve dans l'état de société; les actions qui sont en opposition avec ces principes, donnant lieu à des vexations, des perfidies, des injustices et des oppressions de toutes les sortes, qui occasionnent des maux nombreux dans le corps social, et y font naître quelquefois des désordres incalculables.

Aux causes de maux que je viens de signaler, il me paraît nécessaire d'en ajouter d'autres qui sont plus grandes encore; savoir :

1°. *L'ignorance* des principes, de l'ordre et de la nature des choses. J'en ai déjà dit un mot, et j'ai montré que, dans les individus très-nombreux qui sont dans ce cas, parmi toute population, elle donnait lieu à une crédulité presque sans limites, dont savent habilement tirer parti, pour maintenir la multitude dans leur dépendance, des hommes qui, par la nature de leur position, sont intéressés à favoriser cette crédulité et à en profiter;

2°. Le *faux-savoir*, lequel est un produit de demi-connaissances et de conséquences erronées qui résultent de jugemens sans profondeur et sans rectitude; qui est le propre, particulièrement, d'un assez grand nombre de personnes qui se croient en état de raisonner sur tels ou tels sujets avant de les avoir suffisamment approfondis, avant même d'avoir reconnu quelle pouvait être leur identité avec les principes ou la nature des choses énoncés plus haut; qui, en un mot, entrave continuellement le progrès des connaissances humaines, et apporte des obstacles presque insurmontables à la découverte de la vérité, en mettant à sa place de spécieuses erreurs qu'il lui oppose toujours. Par lui, la philosophie des sciences perd de plus en plus la simplicité qui lui est si essentielle, ses connexions intimes avec les lois de la nature disparaissent insensiblement, et les théories de ces mêmes sciences, encombrées par une immensité de détails dans lesquels elles continuent de s'enfoncer, obscurcies par les fausses vues dont elles sont remplies, deviennent de jour en jour plus défectueuses. Aussi est-ce un fait incontestable que le *faux-savoir* dont il est question, en introduisant, par suite de son influence malheureusement trop puissante, une multitude d'erreurs de tout genre, et de vains aperçus, lesquels nuisent à l'étude de la nature, et empêchent de parvenir à la connaissance des vérités les plus utiles, prive l'homme social de lumières qui, par leur acquisition, pourraient diminuer bien des maux que celui-ci éprouve ;

3°. *L'abus* du pouvoir que commettent, en général, ceux qui sont les dépositaires de l'autorité ; abus qu'il n'est guère possible d'éviter, les hommes ayant tous les mêmes penchans, et ne pouvant que difficilement se soustraire à celui qui les porte à tout sacrifier à leurs passions particulières, si l'occasion s'en présente. Cette cause me paraît avoir le plus contribué aux maux qui pèsent sur l'humanité, en ce que, par la raison que je viens d'indiquer, les institutions publiques qui, dans leur origine, n'avaient d'autre objet que le bien de tous, n'ont servi le plus souvent qu'à assurer celui d'un petit nombre, au préjudice ou au détriment de la majorité, pour l'intérêt de laquelle, cependant, ces mêmes institutions avaient été créées.

En effet, il est maintenant reconnu que, dans tout pays civilisé, des lois ayant été nécessaires pour la conservation de l'ordre établi, et ces lois ayant exigé l'institution d'autorités protectrices, munies de moyens pour assurer et surveiller leur exécution, il est reconnu, dis-je, que le bien de la société entière dut être le but unique de l'institution dont il s'agit. Si donc une institution si salutaire, dans son principe, manque ce but; si, dans ses effets, l'influence de l'arbitraire se fait trop souvent ressentir, à quoi faut-il l'attribuer, si ce n'est à la cause même que je viens de citer? Sans cette cause toujours agissante, sans les penchans que l'homme a reçus de la nature, parmi lesquels le plus remarquable est sans contredit celui qui le porte à *dominer*, à ne considérer que son intérêt particulier, exclusivement à tout autre, les diverses autorités qu'il a établies, toujours bienveillantes et tutélaires, ne perdraient jamais de vue l'objet pour lequel elles furent instituées, ce même objet, bien loin de tomber en oubli, serait partout reconnu, enfin la sûreté et le bien-être des membres qui composent la société, ainsi que l'ordre qui en résulte, ne seraient jamais compromis.

La recherche continuelle des *vérités* auxquelles l'homme social peut espérer de parvenir, lui fournira seule les moyens d'améliorer sa situation, et de se procurer la jouissance des avantages qu'il est en droit d'attendre de son état de civilisation. Plusieurs de ces vérités sont déjà reconnues. Les lumières, malgré les nombreux obstacles que leur opposent sans cesse l'ignorance et particulièrement le *faux-savoir*, se répandent peu à peu, et font de jour en jour des progrès remarquables. Tôt ou tard, en effet, le temps amène inévitablement la destruction de l'erreur; tandis que la *vérité*, immuable et indestructible, perce les ténèbres qui l'environnent, dissipe insensiblement les illusions, les prestiges, et finit par triompher de l'ignorance et de la barbarie. Aussi voyons-nous la *raison publique*, éclairée par l'expérience, se rectifier graduellement, et les principes d'une saine philosophie, qu'ont reconnus et consacrés tant d'illustres écrivains, se propager jusque dans les contrées les plus lointaines, influer puissamment sur les destinées des nations, et préparer la seule voie qui puisse, par la suite des temps, affranchir l'humanité de nombre de maux qui l'accablent, autant, du moins, que peut le permettre l'ordre de choses qu'a établi le SUPRÊME AUTEUR de tout ce qui existe.

Parmi les vérités que l'homme a pu apercevoir, l'une des plus importantes est, sans doute, celle qui lui a fait reconnaître, ainsi qu'on l'a vu plus haut, que le premier et principal objet de toute *institution publique* devait être le bien de la totalité des membres de la société, et non uniquement celui d'une portion d'entre eux; l'intérêt de la minorité étant en discordance avec celui de la majorité, de même que l'intérêt individuel l'emporte ordinairement sur tous les autres. Mais il y a encore une vérité qu'il ne lui importe pas moins de reconnaître, s'il ne doit même la placer au-dessus de celles qu'il a pu découvrir, par l'extrême utilité dont elle peut être pour lui. C'est celle qui, une fois reconnue, lui montrera la nécessité de se renfermer, par sa pensée, dans le cercle des objets que lui présente la nature, et de ne jamais en sortir, s'il ne veut s'exposer à tomber dans l'erreur, et à en subir toutes les conséquences. Certainement, il ne serait pas difficile de lui prouver que, hors du cercle des objets dont il vient d'être question, objets qui tous lui attestent la puissance infinie qui les a fait exister, et qui seuls constituent pour lui ce que j'ai nommé le *champ des réalités*, il ne peut acquérir aucune connaissance solide, ne peut que se former des illusions qui, quelque agréables qu'elles soient, lui sont presque toujours nuisibles, et qu'enfin, faire reposer l'intérêt général ou particulier sur des objets autres que ceux qui viennent d'être cités, c'est, de sa part, risquer de le compromettre gravement.

Nous avons dit précédemment que les *vérités* à la connaissance desquelles l'homme pouvait atteindre, par le moyen de l'observation, devaient être partagées en deux ordres bien distincts, savoir : les faits observés qui sont toujours des vérités positives lorsqu'ils ont été constatés; et les conséquences déduites de ces faits, lesquelles peuvent être considérées encore comme des vérités, si, dans les jugemens qui les ont établies, l'on a employé tous les élémens qui y devaient entrer, et suivi une marche convenable, mais qui, dans le cas contraire, ne peuvent que se trouver absolument fausses.

Maintenant, nous allons faire remarquer que le nombre des vérités, dont la connaissance nous est indispensable, s'accroît considérablement, à mesure que la civilisation devient plus ancienne et fait plus de progrès.

En considérant chaque société humaine dans son degré de civilisation, on peut dire que la somme des vérités dont la connaissance est nécessaire au bonheur des individus, doit être proportionnelle au nombre des besoins que l'on s'y est formés. Dans les temps et les lieux où régnait une grande simplicité dans les besoins, ainsi que dans les jouissances, un petit nombre de vérités bien connues pouvait suffire au bonheur; mais dans ceux où l'avancement de la civilisation a multiplié considérablement ces besoins et ces jouissances, la connaissance d'un plus grand nombre de vérités devient nécessaire pour prévenir des abus et des supercheries de tout genre, dans l'état social. Or, dans l'état de civilisation dont il s'agit, si le nombre des vérités dont la connaissance est nécessaire, est resté inférieur aux besoins ou n'a pu se répandre; si ce qui passe pour connaissance solide dans l'opinion n'est qu'erreur ou n'est qu'un *faux-savoir*, le bonheur individuel y deviendra proportionnellement plus difficile et plus rare. Alors on dira que les lumières sont plus nuisibles qu'utiles à l'homme, tandis que ce ne sont réellement que l'erreur et le faux-savoir qui lui nuisent.

Un homme célèbre, prenant en considération les maux nombreux qui affligent l'humanité, s'est persuadé que le bonheur ne pouvait se rencontrer que dans un état très-borné de l'intelligence, et que le savoir était plus nuisible qu'utile à l'homme. Le sens absolu de cette opinion est, selon moi, une erreur évidente, quoique jusqu'à un certain point l'apparence lui soit favorable.

C'est assurément l'ignorance qui est la première et la principale source de la plupart de nos maux, depuis surtout que nous vivons en société; c'est aussi l'extrême inégalité d'intelligence, de rectitude de jugement et de connaissances acquises qui s'observe entre les individus d'une population quelconque, qui concourt sans cesse à la production de ces maux. Ce n'est en effet que relativement que certaines vérités peuvent paraître dangereuses; car elles ne le sont point par elles-mêmes; elles nuisent seulement à ceux qui sont en situation de se faire un profit de leur ignorance.

Ainsi, quant à l'opinion qui considère les lumières comme plus nuisibles qu'utiles à l'homme, l'apparence de fondement qu'elle semble avoir, ne provient que de ce qu'elles ne sont pas assez généralement répandues, et que de ce que l'on confond le faux-savoir avec la connaissance de la vérité, au moins à l'égard des sujets qui sont pour l'homme d'une grande importance.

Il résulte de ces considérations que si ce que nous appellons notre *savoir*, n'est pas toujours un savoir réel, ou n'est borné qu'à un petit nombre d'individus dans une population nombreuse, il n'y a rien d'étonnant qu'il nous soit si peu utile. *Rousseau* s'est douté de l'état de nos sciences; mais il les a condamnées et en quelque sorte proscrites d'une manière trop absolue. Cet auteur, justement célèbre, revient souvent à la *nature* dans ses ouvrages, et l'on voit qu'il avait le sentiment de l'importance de son étude, ainsi que celui des inconvéniens, des dangers même de se mettre en contradiction avec ses lois. Plus passionné pour la *nature* qu'aucune des personnes qui me soient connues, les circonstances de sa vie ne lui permirent pas de la suivre dans sa marche, de bien saisir ses lois, de s'en instruire suffisamment. C'est là, sans doute, ce qui a donné lieu à la seule partie faible de son *Émile*; mais les résultats où il tendait partout, quoiqu'en indiquant des voies impropres, quelquefois contradictoires, sont toujours bons, justes et utiles à considérer.

Partageant donc le sentiment de l'homme célèbre que je viens de citer, du plus profond de nos moralistes, j'ose dire que de toutes nos connaissances, la plus utile pour nous est celle de la *nature*, celle de ses lois, en un mot, de sa marche dans chaque sorte de circonstances. Aussi peut-on assurer que chaque individu de l'espèce humaine fournit sa carrière plus ou moins complètement, plus ou moins heureusement, selon que la direction qu'il donne à ses actions se trouve plus ou moins conforme aux lois de la nature, selon qu'il s'en éloigne plus ou moins et selon qu'il tire un parti plus ou moins avantageux de tous les objets qui sont en relation avec lui, ou qui peuvent le servir. Ce sont là, je crois, les vérités les plus importantes pour nous, celles qui doivent plus que toute autre attirer notre attention et même la fixer.

D'après les considérations qui viennent d'être exposées, et les réflexions qui les accompagnent, je conclus :

1°. Que, pour l'homme, la plus utile des connaissances est celle de la *nature*, considérée sous tous ses rapports;

2°. Que, conséquemment, la plus importante

de ses études est celle qui a pour but l'acquisition entière de cette connaissance ; que cette étude ne doit pas se borner à l'art de distinguer et de classer les productions de la nature, mais qu'elle doit conduire à reconnaître ce qu'est la *nature* elle-même, quel est son pouvoir, quelles sont ses lois dans tout ce qu'elle fait, dans tous les changemens qu'elle exécute, et quelle est la marche constante qu'elle suit dans tout ce qu'elle opère ;

3°. Que, parmi les sujets de cette grande étude, celles des lois de la *nature* qui régissent les faits et les phénomènes de l'organisation de l'homme, son sentiment intérieur, ses penchans, etc., et celles aussi auxquelles sont soumis les agens extérieurs qui l'affectent, ou ceux qui peuvent compromettre tout ce qui l'intéresse directement, doivent attirer son attention et exciter ses recherches avant les autres ;

4°. Qu'à l'aide des connaissances qu'il peut obtenir par ces études, il se conformera plus aisément aux lois de la *nature*, dans toutes ses actions ; il pourra se soustraire à des maux de tout genre ; enfin, il en retirera les plus grands avantages. (*Art. ext. du nouv. Dict. d'Hist. Nat. de M. Déterville.*)

SECTION II.

Des objets évidemment produits.

A L'EXCEPTION des deux objets créés, mentionnés dans notre première section, tout ce que nous pouvons observer, ainsi que ce qui, du même ordre, se trouve hors de la portée de nos observations, ne concerne que des objets produits. La matière étant le domaine unique et exclusif de la nature, cette puissance active l'a divisée, en a formé des assemblages divers, des réunions par masses, des mélanges de ses différentes sortes, des combinaisons infiniment variées, etc., etc. ; ce qui, avec le temps, a amené successivement l'existence de tous les corps. Or, l'ensemble de ces objets produits constitue ce que nous nommons l'univers physique; et cet univers physique dans l'état où nous le voyons, est entièrement l'ouvrage de la nature. Toutes les parties de cet ouvrage n'ont reçu qu'une existence passagère, en cela bien différente de celle des objets créés. Mais que l'on joigne à cette existence bornée le pouvoir des renouvellemens et celui des variations infinies qu'à l'aide de circonstance toujours diversifiées la nature sait opérer, alors on aura une idée du plan admirable qu'elle a suivi et qu'elle suit constamment dans tout ce qu'elle exécute.

Un simple coup-d'œil jeté sur l'énorme quantité des produits de la nature, sur leur immense diversité, enfin sur les corps qui sont si variés dans leur taille, leurs formes, leurs qualités, leurs caractères et même les phénomènes que beaucoup d'entre eux produisent, suffira pour nous montrer l'étendue en quelque sorte infinie et néanmoins limitée du pouvoir de la nature. Ce sera sans doute plus par la considération de ce que ce grand pouvoir peut produire qu'il nous sera possible d'en juger, que par l'exposition que nous essayerions de faire de ses moyens. Cependant, relativement à ces derniers, nous devons offrir ce que nous avons pu apercevoir de plus probable, ne les recherchant jamais que parmi ceux qui sont physiques, les seuls que la nature emploie et que nous puissions connaître. A cet égard, nous dirons d'abord que la nature n'ayant pu produire que successivement les corps qui existent, a été forcée de suivre un ordre constant, propre à lui permettre d'amener les diverses productions auxquelles elle a su donner lieu. Or, ce qu'elle a pu faire immédiatement dans chacune des catégories de ses opérations, est extrêmement différent de ce qu'elle est parvenue à faire en dernier lieu ; et ce n'est qu'en remplissant alternativement tous les degrés de l'échelle entre ses deux extrêmes, qu'elle a su faire exister, parmi ses dernières productions, celles qui nous paraissent si admirables. Nous reviendrons à l'examen de cet ordre ; nous en prouverons la réalité et la nécessité. Mais, pour la clarté de nos idées à ce sujet, nous devons présenter les considérations suivantes.

Tous les corps qui existent se partagent nettement en deux sortes principales très-différentes entre elles. Les uns, en effet, sont hors d'état de pouvoir vivre, n'exigent aucune organisation intérieure, et par cette raison, sont appelés *corps inorganiques*; les autres, au contraire, sont essentiellement organisés, nous offrent l'admirable phénomène de la vie, et ce sont ceux-ci qu'on a nommés *corps vivans*. Or, pour apercevoir comment la nature a pu amener l'existence de ces différens corps, puisque les uns et les autres sont véritablement ses produits, il importe de connaître les particularités qui les différencient et les caractérisent. Nous allons donc en faire l'exposition dans les deux chapitres qui suivent.

CHAPITRE PREMIER.

Des corps inorganiques.

Les *corps inorganiques* ne sauraient offrir le phénomène de la vie, puisqu'ils ne possèdent aucune organisation intérieure; mais ce sont eux qui fournissent tous les matériaux qui constituent les corps vivans; la nature n'a donc pu former ces derniers qu'après eux. Ces corps inorganiques ne sont que des réunions ou de simples agrégats de molécules, soit essentielles, soit intégrantes. Leur masse est tantôt circonscrite par une forme déterminable, comme dans ceux qui sont concrets, et tantôt elle n'en offre aucune qui soit particulière, comme dans ceux qui sont formés de matières fluides, soit liquides, soit gazeuses.

Ces mêmes corps, de quelque nature, consistance et grandeur qu'ils soient, diffèrent essentiellement de ceux qui possèdent la vie :

1°. En ce qu'ils n'ont l'*individualité spécifique* que dans la molécule intégrante qui constitue leur espèce particulière; les masses et les volumes que peuvent former ces molécules, par leur réunion ou leur agrégation, n'ayant point de bornes constantes, et n'opérant aucune modification de l'espèce dans leurs variations ;

2°. En ce qu'ils n'ont point tous un même genre d'origine ; les uns s'étant formés par l'apposition de molécules déposées successivement à l'extérieur, et les autres ayant été produits, soit par des décompositions partielles ou des altérations de certains corps, soit par des combinaisons que des matières diverses et en contact ont été exposées à former ;

3°. En ce qu'ils n'ont point un *tissu cellulaire* servant de base à une organisation intérieure ; mais seulement une structure, un état quelconque d'agrégation ou de réunion de leurs molécules ;

4°. En ce qu'ils n'ont aucun besoin à satisfaire pour leur conservation ;

5°. En ce qu'ils n'ont point de facultés, mais seulement des propriétés ;

6°. En ce qu'ils n'ont point de terme assignable à la durée d'existence des individus, leur fin, comme leur origine, étant indéterminée, et tenant à des circonstances fortuites ou accidentelles ;

7°. En ce qu'ils n'ont aucun développement à opérer en eux, qu'ils ne forment point eux-mêmes leur propre substance, et que ceux qui éprouvent des mouvemens dans leurs parties, ne les acquièrent qu'accidentellement, que par des causes hors d'eux, et ne les reçoivent jamais par excitation ;

8°. Enfin, en ce qu'ils ne sont point assujétis à des pertes nécessaires; qu'ils ne sauraient réparer eux-mêmes les altérations que des causes fortuites peuvent leur faire éprouver; qu'ils ne sont point essentiellement forcés à une succession graduelle de changemens d'état; qu'ils n'offrent, dans leur aspect, ni les traits de la jeunesse ni ceux de la vieillesse ; en un mot, que, ne possédant point la vie, ils n'ont point de mort à subir.

Tels sont les caractères essentiels des corps inorganiques; de ces corps qui, n'ayant point d'organisation intérieure, et dont l'individualité spécifique ne consiste que dans leur molécule intégrante, ne sauraient posséder la vie. Cependant lorsque, parmi ces corps, il s'en trouve qui sont dans l'état gélatineux, et qui ne sont pas complétement homogènes, la nature a les moyens de les organiser directement, d'y exciter des mouvemens vitaux, et de leur donner *l'individualité spécifique*. Ceux-ci sortent donc alors de la catégorie des corps inorganiques, sont transformés en corps vivans, et c'est par eux que la nature a commencé l'institution, soit du règne végétal, soit du règne animal.

Tous les corps inorganiques sont généralement des produits de la nature. Aussi, chacun d'eux, sans exception, manque de constance absolue dans son existence; celle qu'ils ont n'étant que relative à leur situation particulière et aux circonstances où cette situation les a placés. Les uns sont formés directement par la nature, tandis que les autres ne doivent leur existence qu'à la suite de l'institution des corps vivans qu'elle a su former. Pour donner lieu aux premiers, il lui a suffi de diviser la matière, et d'en former des assemblages divers avec ou sans mélange de ses différentes sortes. Ainsi l'on peut penser que parmi les corps que la nature a formés directement, non-seulement on peut compter les matières fluides plus ou moins simples, soit liquides, soit élastiques, que nous sommes parvenus à observer, mais encore ces énormes masses plus ou moins concrètes qui constituent les globes nombreux que nous apercevons dans l'espace, et qui paraissent tous s'y mouvoir plus ou moins rapidement. Quant aux seconds, c'est-à-dire, à ceux que la nature n'a point formés directement, ils ne sont dus qu'aux résultats de la destruction des corps vivans, et n'eussent jamais eu lieu si les corps organisés n'eussent pas été formés par la nature. En effet, les corps vivans, ayant la faculté de former eux-mêmes leur propre substance, ont donné lieu à une multitude de combinaisons infiniment variées, qui n'eussent jamais existé sans eux ; en sorte que tout ce qui provient d'eux, soit pendant le cours de leur vie, soit après leur mort, prépare, concurremment avec les objets qui n'en faisaient point partie, les matériaux de ceux qui composent le règne minéral. C'est en subissant successivement des altérations et des changemens divers que ces matériaux, de plus en plus défigurés et méconnaissables, amènent les différens minéraux connus.

Les corps inorganiques, selon nos remarques dans l'*Introduction de l'Histoire naturelle des animaux sans vertèbres* (vol. 1, pag. 33), manquent de rapports communs, relativement à leur origine ; leur durée et leur volume ou leur grandeur, n'ont rien qui soit constant ; la conservation de leur existence n'est assujétie à aucun besoin de leur part, et serait sans terme, si, par suite du mouvement répandu dans toutes les parties de la nature, et agissant plus ou moins les uns sur les autres, selon les circonstances de leur situation, de leur état et des affinités, ils n'étaient plus ou moins exposés à des changemens de toutes les sortes ; enfin, quoique beaucoup moins nombreux en espèces que les autres, ces corps constituent eux seuls la masse principale du globe que nous habitons; et peut-être forment-ils aussi celle des autres corps célestes.

Parmi les grandes masses de corps inorganiques qui se meuvent dans l'espace, celle qui doit le plus nous intéresser, parce que nous en habitons la surface, et qu'elle nous offre plus de moyens d'en observer les diverses parties, est le globe terrestre.

Ce globe, dont la forme est plutôt sphéroïde que sphérique, est muni d'une enveloppe fluide et gazeuse qui tourne avec lui dans ses révolutions diurnes et qu'il emporte de même dans celles qui sont annuelles. C'est dans cette enveloppe, qu'on nomme son atmosphère, que se produisent les divers météores connus. Or, quoique nous ne puissions connaître l'intérieur de ce même globe, et que nous soyons réduits à ne pouvoir en étudier que la croûte externe, nous devons présumer que les matières qui constituent ce grand corps hétérogène sont d'autant plus denses et solides qu'elles en avoisinent plus le centre. Quant à l'état de sa croûte externe, nous avons lieu de penser qu'il est dû en grande partie aux influences des eaux liquides.

En effet, ces influences se divisent naturellement :

1°. En celles des eaux marines, qui occupent de très-grands espaces à la surface du globe dont il s'agit, et constituent la plus grande partie de sa croûte externe ;

2°. En celles des eaux pluviales, qui donnent lieu aux sources des fontaines, des rivières et des fleuves.

Si l'on examine l'énorme espace qu'occupent les mers à la surface du globe, et surtout la grande profondeur de leur lit, on ne pourra se refuser à reconnaître que c'est à l'action d'une cause particulière très-puissante qu'est due la conservation de ce lit des mers. Car, sans cette cause, les lois connues de la pesanteur des corps auraient depuis long-temps détruit le lit dont il est question.

Sans doute, les eaux liquides, même celles des mers, sont moins pesantes que les corps concrets qui constituent les terres et les pierres des continens et des îles. Or, depuis tant de siècles que les fleuves charrient constamment à la mer les parties concrètes terreuses et pierreuses qui ont pu être détachées des masses auxquelles elles adhéraient, le lit des mers devrait être maintenant presque entièrement comblé. Aussi, sans la cause en question, le produit de la différence de pesanteur entre les eaux liquides, quelles qu'elles soient, et les matières terreuses ou pierreuses, aurait dû forcer les premières, qui sont, comme on sait, si abondantes, à former autour du globe une enveloppe générale et liquide. Mais il n'en est point ainsi. Le lit des mers est constamment conservé, et l'observation atteste en outre qu'il se déplace. Quelle est donc la cause qui donne lieu à ces deux faits très-singuliers ?

Relativement au premier de ces faits, c'est-à-dire, à la conservation du bassin des mers, il nous paraît évident que si les eaux marines étaient constamment dans un état de repos, cette conservation de leur bassin n'aurait point lieu. On sait qu'elles sont, au contraire, dans un état de mouvement continuel, et que leur masse, outre les courans divers qui l'agitent, éprouve une sorte de balancement non interrompu. En effet, une cause hors du globe fait subir aux eaux équatoriales de l'océan une élévation presque en forme de bosse à chaque passage au méridien du satellite de la terre, et, en même temps, une autre bosse opposée dans les mers de l'anti-méridien de ce lieu. L'observation a constaté la formation de ces deux bosses par le soulèvement des eaux de la mer qu'opère la lune chaque fois qu'elle est au méridien ou à l'anti-méridien des vastes eaux en question. Il y a donc, pour un point déterminé de l'océan, une bosse qui se forme de douze heures en douze heures; mais les époques précises de la formation de ces bosses se déplacent assez régulièrement, et retardent chaque jour d'environ trois quarts d'heure. Maintenant on conçoit que le soulèvement dont il s'agit donnerait lieu à des vides réels dans la bosse ou sous la bosse, si la fluidité des eaux et les lois qui la concernent ne s'y opposaient, en forçant de proche en proche et de tous côtés les eaux avoisinantes de remplir ces vides. Il en résulte que pendant six heures les eaux des rivages, s'en éloignant pour aller fournir à la bosse, s'abaissent contre les rives, si le plan de celles-ci est presque vertical, ou s'en écartent, si ce plan est incliné; que, pendant les six heures qui suivent, les eaux reviennent vers les rives et terminent l'effet de la première bosse; qu'enfin, immédiatement après ces douze heures, les eaux des rivages s'en retirent encore pendant six heures pour la formation de la seconde bosse, et reviennent pareillement dans le cours des six heures qui suivent. Ces phénomènes très-connus constituent ce qu'on nomme le *flux* et *reflux* des mers. Il y a donc quatre mouvemens non interrompus dans la masse des eaux marines, pendant le cours de vingt-quatre heures : deux mouvemens de rétraction des eaux, et deux autres pour leur retour. C'est là l'espèce de balancement que subissent constamment les mers de notre globe, et que j'ai développé dans mon *hydrogéologie*. Par suite de ce balancement, elles conservent toujours leur lit, rejetant sur les rivages presque tout ce que les fleuves leur apportent. Si ces repoussemens s'exécutaient également sur toutes les rives, les mers pourraient conserver leur profondeur, mais perdraient progressivement l'étendue qu'elles occupent à la surface de notre globe, ce qui n'arrive pas.

Nous avons dit que les mers se déplaçaient, et nous avons cru y être autorisé par diverses observations qui y servent de preuves. Effectivement, on sait par l'observation des marins que les mers, surtout entre les tropiques, offrent un mouvement de transport d'orient en occident. Or, le produit de ce mouvement nous a paru occasionner un envahissement des eaux marines sur les côtes qu'elles refoulent et un rejet sur les rives opposées, de toutes les matières déplaçables que leur apportent les fleuves.

Les mers équatoriales, se mouvant d'orient en occident, rencontrent dans les continens un obstacle qui arrête leur cours. Leurs eaux alors, pendant qu'elles endommagent peu à peu les matières qui les arrêtent, se partagent en courans divers, l'un vers le nord, l'autre vers le sud, et influent, dans leur cours, sur la forme des côtes. Celles qui se dirigent ainsi sur l'Amérique, l'ont déjà fortement échancrée à son centre, et n'ont plus que l'isthme de Panama à franchir pour diviser ce continent en deux parties. Ailleurs, elles sont encore parvenues à séparer la Nouvelle-Hollande du continent de l'Asie ; et ont formé dans l'intervalle les archipels que l' ony connaît. Voyez, dans mon *hydrogéologie*, les détails de ces observations.

Il s'ensuit donc que, d'un côté, les mers, en s'éloignant, laissent des terreins à découvert ; tandis que, de l'autre, elles entament les rives avec plus ou moins de succès, selon que la nature des matières qui les forment s'y prête plus ou moins. Par cette voie, elles opèrent divers envahissemens très-irréguliers sans doute, mais qui ne rencontrent jamais d'obstacles absolus. La lenteur infinie de ces effets les rend entièrement imperceptibles à l'observation de l'homme, à cause de la brièveté de sa vie ; et cependant, en consultant d'anciens monumens, il reconnaît des lieux d'où la mer s'est retirée, et d'autres qu'elle a réellement envahis.

A ces causes physiques du déplacement des mers, on doit ajouter d'autres preuves que fournit la considération de ces énormes bancs de coquillages marins, enfouis dans le sol des continens et des grandes îles, et de ces filons de sel gemme qui se trouvent à de grandes profondeurs et en masses très-considérables dans des lieux fort éloignés des mers; et si l'on voulait attribuer le gisement de ces corps déplaçables à une catastrophe générale du globe, catastrophe que nous croyons avoir suffisamment réfutée, nous ajouterions, comme nouvelle preuve, la considération de ces *madrépores* pierreux et fixés qui constituent la masse presque entière de diverses roches qui s'observent sur les continens.

Les considérations que je viens d'exposer, et qui sont relatives à la croûte extérieure de notre globe, appartiennent à une science particulière que l'on nomme *géologie*. J'ai donné à la même science le nom d'*hydrogéologie*, parce que son objet réel embrasse à la fois les eaux liquides et les matières concrètes, terreuses ou pierreuses, et que les influences des premières concourent à la formation et à l'état des secondes.

Si l'on se bornait, dans cette science, à ne considérer que la nature et l'état des terreins, outre qu'on négligerait alors les principales causes qui y ont donné lieu, on s'exposerait souvent à l'erreur; car le mode de formation des différens terreins étant fort étranger à l'ordre de cette formation même, on pourrait prendre pour formation ancienne ce qui n'en serait réellement qu'une plus récente. Si, d'une part, il est inconvenable de nommer *terrein primitif* ou *roche primitive* quelque objet de la croûte du globe, vu que nous ne saurions connaître rien qui soit dans ce cas, il l'est aussi de l'autre de donner le nom de *secondaires*, *tertiaires*, etc., à des couches dont nous n'aurions pas auparavant déterminé le mode de formation.

En effet, une masse calcaire, formée par les dépôts successifs de molécules libres, charriées par les eaux, pourrait ne contenir aucun débris de corps organisés, et se trouver cependant d'une formation plus récente qu'un terrein calcaire plus éloigné qui renfermerait quantité de ces débris.

Ainsi la nature ayant divisé et modifié la matière créée, en ayant formé des amas divers, avec ou sans mélange de ses différentes sortes, et l'ayant fait tantôt par de simples réunions, tantôt par cohésion ou par agrégation de molécules, a donné lieu à l'existence d'une grande portion des corps inorganiques connus, tandis que l'autre portion de ces mêmes corps résulte essentiellement des résidus que laissent les corps vivans, surtout après la mort des individus. Ces deux sortes de corps inorganiques doivent donc être considérées comme des produits de la nature, les uns directs, les autres indirects; mais il s'en faut que ces produits soient les plus éminens de ceux auxquels elle a donné lieu.

En effet, il existe une autre sorte de corps qui sont bien plus singuliers que les premiers, et qui tiennent à un ordre progressif de formation qui leur est tout-à-fait particulier : ce sont ceux auxquels nous donnons le nom de corps vivans. Ils donnent une idée bien plus grande encore du pouvoir de la nature que ceux dont il vient d'être question, puisqu'ils sont pareillement ses produits. Exposons les principales particularités qui les concernent.

CHAPITRE II.

Des Corps vivans.

LES *corps vivans* constituent une catégorie particulière de corps très-singuliers qui, sous tous les rapports, n'ont absolument rien de commun avec aucun des autres. Ces corps sont tous généralement constitués par des parties concrètes contenantes, et des fluides propres contenus, quoique variés dans leur consistance ou dans celle de leurs parties; tous offrent l'*individualité spécifique* dans leur corps entier, et tous encore sont essentiellement hétérogènes; ils ont tous un même genre d'origine, si l'on en excepte ceux que la nature a produits directement; tous aussi ont des termes à leur durée, des besoins à satisfaire pour se conserver, et ne subsistent qu'à l'aide d'un phénomène intérieur qu'on nomme la *vie*, et d'une organisation qui permet à ce phénomène de s'exécuter.

Nous avons dit que les corps vivans avaient tous un même genre d'origine; et en cela nous fûmes fondés ; car, sauf ceux que la nature a produits directement, ils proviennent tous les uns des autres ; et, à l'aide des circonstances, ils se diversifient singulièrement en se multipliant. Or, voyons comment la nature a pu produire directement les premiers, ceux-ci lui ayant ensuite suffi pour amener progressivement la formation des autres.

En donnant l'existence aux corps inorganiques, et en formant pour cela différens assemblages de matières diverses, ce qu'elle parvient à faire tantôt par de simples réunions, tantôt par cohésion ou par aggrégation de molécules, la nature a pu, parmi les corps qui sont résultés de ses opérations, en former qui soient propres à recevoir les premiers traits de l'organisation et les mouvemens qui constituent la vie. C'est effectivement ce qu'elle paraît avoir fait, en donnant lieu parmi les corps inorganiques, à de très-petits corps gélatineux de la plus faible consistance. Or, les fluides subtils des milieux environnans, pénétrant dans ces corps, produisirent, dans les interstices de leurs molécules cohérentes, un léger écartement qui transforma ces petites masses gélatineuses en masses cellulaires. Bientôt après, les petites cellules qui en résultèrent, recevant des ouvertures dans leurs parois, communiquèrent entre elles, et des liquides pénétrèrent dans leur intérieur. C'est ainsi que ces petits corps gélatineux furent transformés en corps cellulaires, offrirent des parties contenantes et des fluides contenus, et reçurent alors les premiers traits de l'organisation. Dans cet état de choses, les fluides subtils des milieux environnans, toujours agités, se précipitant sans cesse, comme par saccades, dans l'intérieur de ces petits corps, et en sortant de même, jetèrent une succession de mouvemens dans les liquides contenus, en firent exhaler des portions, donnèrent lieu à ce que d'autres du dehors les remplaçassent, et dès-lors les corps dont il s'agit eurent la faculté de transpirer et d'absorber, et possédèrent la vie. Ainsi l'*organisation* est un arrangement quelconque des parties internes d'un corps; arrangement qui, quelque varié qu'il soit, est toujours favorable aux mouvemens organiques, c'est-à-dire, aux déplacemens successifs des fluides propres du corps, et à l'action de ces fluides sur les parties qui les contiennent, ainsi qu'à la réaction plus ou moins grande de celles-ci sur les premiers.

Nous avons montré, dans nos différens ouvrages, et avant tout autre, à notre connaissance, que la *vie* n'était point un *être*, ni la propriété particulière d'aucune matière quelle qu'elle soit, non plus que celle d'aucune partie d'un corps; et nous avons fait voir qu'elle n'est autre chose qu'un phénomène physique résultant de deux causes essentielles, savoir : 1°. d'un état et d'un ordre de choses qui existent dans les parties du corps en qui on l'observe; 2°. d'une cause motrice ou provocatrice de mouvemens successifs dans l'intérieur de ce corps. Ainsi la vie subsiste dans ce même corps tant que l'état de ses parties et l'ordre de choses nécessaire à l'exécution des mouvemens vitaux ne sont point détruits, et tant que la cause provocatrice de ces mouvemens continue d'agir.

Telle est donc l'idée que nous devons nous former d'un corps vivant, en général, c'est-à-dire, d'un corps essentiellement organisé et qui jouit de la faculté de vivre; telle est surtout celle que nous devons prendre de ceux de ces corps que la nature a su produire directement ; car, dès que ceux-ci existèrent, ils donnèrent lieu successivement à la formation de tous les autres. Voyons effectivement ce que l'observation nous apprend à l'égard de la reproduction de ces corps.

La génération sexuelle s'opère sans contredit par des moyens et des lois physiques ; néanmoins les phénomènes singuliers qu'elle présente, ainsi que le mécanisme qui y donne lieu, nous semblent des mystères inexplicables. En effet, quoique nous suivions attentivement les différens modes de reproduction observés, l'ordre des phénomènes qu'ils présentent, et les conditions qu'ils exigent dans chaque cas particulier, il s'écoulera peut-être bien du temps encore avant que nous puissions saisir le vrai mécanisme qu'emploie la nature pour l'exécution de ces phénomènes. Cependant nous sommes très-persuadé qu'il n'est pas hors de notre pouvoir d'y parvenir.

Nous soumettant à la nécessité que nous imposent à ce sujet, comme à celui des phénomènes de l'intelligence, nos moyens grossiers et très-bornés, voici ce que nous pensons relativement à la reproduction des corps vivans.

Dans ceux de ces corps qui sont les plus simples en organisation, la nature n'ayant pas encore eu les moyens d'établir des organes spéciaux pour des fonctions particulières, la fécondation ne saurait s'opérer et n'y est pas effectivement nécessaire. Dans ce cas, il n'existe aucun embryon; et la reproduction s'exécute par des séparations de parties qui ne font que s'étendre en se développant, pour donner lieu à un corps nouveau, tout-à-fait semblable à celui dont il provient. Dans ces séparations de parties, l'on comprend le mode de scission du corps en deux portions presque égales, mode qui n'a lieu que dans les plus imparfaits des êtres doués de la vie; ensuite l'on y ajoute celui des séparations de parties isolées, lequel constitue ce qu'on nomme la *gemmation*. Ainsi les corps vivans les plus simples en organisation sont, les uns des *fissipares*, et les autres des *gemmipares*. Parmi ces derniers, on voit d'abord des gemmipares externes, et ensuite des gemmipares internes. Nous pensons que c'est à l'aide de ceux-ci que la nature s'est procuré les moyens d'amener la formation des embryons qui, pour posséder la vie, exigent une fécondation préalable. Ces embryons, généralement renfermés dans une ou plusieurs enveloppes, qu'ils sont obligés de rompre pour naître ou paraître au dehors, ne sont plus comme les gemmes ou bourgeons, de simples séparations de parties qui, sans rien déchirer, n'ont qu'à s'étendre pour former de nouveaux corps.

Nous avons reconnu que les embryons exigent l'influence d'une fécondation pour pouvoir posséder la vie. Maintenant nous dirons qu'il nous paraît probable que la fécondation n'ajoute à l'embryon aucune partie quelconque; qu'il tient toutes les siennes du corps même dans lequel il fut formé, et qu'il ne reçoit de la fécondation qu'une certaine disposition dans ses parties qui les met dans le cas de pouvoir exécuter les mouvemens vitaux.

Pour opérer la fécondation, on conçoit que la nature a dû amener la formation d'un organe fécondateur, et on l'aperçoit effectivement. Cette fécondation n'exerce ordinairement son influence que sur un embryon préparé; quelquefois néanmoins elle l'étend sur plusieurs embryons contemporains, emboîtés les uns dans les autres. L'observation de *Réaumur* sur la génération des pucerons nous apprend que la fécondation d'une femelle a suffi pour six générations successives. Cette extension de l'influence fécondatrice est, malgré cela, bien plus bornée dans les organisations supérieures. On ne cite qu'un seul exemple parmi les *mammifères*, d'une fécondation qui ait suffi pour deux générations. *Bulletin des sciences de la société philomatique, juillet* 1819.

Quant à l'hypothèse de la préexistence des germes, tous primitivement créés, elle ne saurait être fondée, étant tout-à-fait opposée à ce qui est bien connu de la marche de la nature.

L'hermaphroditisme, très-commun dans les végétaux, et fort rare dans le règne animal, semble indiquer qu'il est pour la nature, un type primordial : en sorte que les sexes séparés nous paraissent résulter de l'avortement devenu constant de celui qui manque : avortement qui entraîne des modifications particulières dans les développemens de l'individu selon le sexe qu'il conserve.

Maintenant examinons les traits généraux qui caractérisent les corps vivans et les distinguent des corps inorganiques.

Les *corps vivans*, par des causes physiques déterminables, ont tous généralement :

1°. *L'individualité* de l'espèce existant dans la réunion, la disposition et l'état de molécules intégrantes diverses qui composent leurs corps, et jamais dans aucune de ces molécules considérée séparément ;

2°. Le corps composé de deux *sortes essentielles* de parties, savoir : de parties concrètes, toutes ou la plupart contenantes, et de fluides libres contenus ; les premières étant généralement constituées par un *tissu cellulaire* flexible, susceptible d'être modifié diversement par les mouvemens des fluides contenus, et de former différens organes particuliers ;

3°. Des *mouvemens* internes, dits *vitaux*, qui ne sont produits que par des causes excitatrices ou stimulantes : mouvemens qui peuvent être, soit accélérés, soit ralentis ou même suspendus, mais qui sont nécessaires au développement de ces corps;

4°. Un *ordre* et un *état de choses* dans les parties qui, tant qu'ils subsistent, rendent possibles les mouvemens vitaux dont l'exécution constitue le phénomène de la vie; mouvemens qui amènent dans le corps une suite de changemens forcés;

5°. Des *pertes* à subir et des *réparations* à opérer, entre lesquelles une parfaite égalité ne saurait exister, et d'où résulte, dans tout corps animé par la vie, une succession de changemens d'état, qui amène, pour chaque individu, la différence de la jeunesse à la vieillesse, et ensuite sa destruction au moment où le phénomène de la vie cesse de pouvoir se produire;

6°. Des *besoins* à satisfaire pour leur conservation, ce qui les met dans la nécessité de s'approprier des matières étrangères qui les nourrissent, et qu'ils changent et transforment en leur propre substance;

7°. Des *développemens* à opérer pendant un temps quelconque dans toutes leurs parties; développemens qui constituent leur *accroissement* jusqu'à un terme particulier à chacun d'eux, et qui produisent la différence de taille, de volume et d'état, entre le corps nouvellement formé, et le même corps développé complètement;

8°. Un même genre d'*origine*; car, sauf ceux que la nature a produits immédiatement, tous ensuite proviennent les uns des autres, non par des développemens successifs de germes préexistans, mais par l'isolement et ensuite la séparation qui s'opère d'une partie de leur corps ou d'une portion de leur substance, laquelle, préparée selon le système d'organisation de l'individu, donne lieu au mode particulier de reproduction qu'on lui observe;

9°. Des *facultés* qui leur sont généralement communes, et qui sont exclusives pour tous les corps vivans, indépendamment de celles qui sont particulières à certains d'entre eux;

10°. Enfin, Des *termes* assignés à la *durée d'existence* des individus; la vie, par sa propre durée, amenant elle-même une altération des parties qui, parvenue à un certain point, ne permet plus au phénomène qui la constitue de continuer de s'opérer; en sorte qu'alors la plus légère cause de désordre arrête ses mouvemens; et c'est l'instant de leur cessation, sans possibilité de retour, qu'on nomme la *mort* de l'individu.

Ce sont là les dix caractères essentiels des *corps vivans*; caractères qui leur sont communs à tous.

Or, on ne trouve rien de semblable à l'égard des *corps inorganiques*. (*Hist. nat. des anim. sans vert.*, *vol.* I, *p.* 53.)

La nature ayant formé directement les premiers corps vivans, c'est-à-dire, les plus frêles et les plus simples en organisation, selon le mode indiqué ci-dessus; leur ayant ensuite donné la faculté de reproduire eux-mêmes leurs semblables; enfin la vie que ces petits corps possèdent tendant sans cesse à composer et compliquer l'organisation, ces causes réunies aux variations des circonstances influentes donnèrent lieu, avec le temps, à l'existence des différentes races de corps vivans.

Ces corps néanmoins seraient tous de la même catégorie, si la composition chimique des parties concrètes et contenantes de ceux que la nature a formés les premiers, était d'une seule sorte; mais il n'en est pas ainsi.

En effet, parmi les premiers corps vivans produits directement par la nature, les uns ont leurs parties concrètes d'une composition chimique telle qu'elles ne sauraient offrir le phénomène de l'*irritabilité*, tandis que dans les autres les parties concrètes et contenantes, ou au moins certaines d'entre elles, sont essentiellement irritables à chaque provocation de toute cause stimulante. Les premiers sont le type de tous les *végétaux* existans, les seconds sont celui de tous les *animaux*.

Des végétaux.

Les *végétaux* sont sans doute généralement des corps organisés, doués de la faculté de vivre; tous effectivement offrent les caractères généraux des corps vivans, et tous en possèdent les facultés communes. Mais, provenus d'un type fort inférieur à celui des animaux, la nature n'a pu faire, dans aucun d'eux, rien de comparable à ce qu'elle a fait dans ceux-là. Aussi les a-t-elle réduits, comparativement à ces derniers, à une infériorité de facultés qui, après celles qui sont communes à tout corps vivant, ne leur permet pas d'en posséder une seule qui soit particulière à quelqu'une de leurs races. Par suite de l'infériorité dont il vient d'être question, aucun d'eux n'est *excitable*, et conséquemment ne jouit de la faculté de se mouvoir. Aussi tout mouvement qui s'observe en eux, ou dans certaines de leurs parties, provient de causes qui leur sont étrangères, et qui n'agissent qu'accidentellement et passagèrement.

J'ai montré, dans l'*Histoire naturelle des animaux sans vertèbres* (vol. 1, pag. 90), que les faits relatifs aux plantes dites *sensitives* n'ont absolument rien de comparable au phénomène de l'*irritabilité*, observé dans les animaux, et qu'ils sont dus à des causes physiques très-différentes de celles qui produisent le phénomène que je viens de citer.

Voyons d'abord ce que sont les végétaux, et quels sont leurs caractères essentiels. Nous examinerons ensuite quel est le rang qu'ils doivent occuper dans l'ordre de production des corps vivans.

Les *végétaux* sont des corps vivans non *irritables*, dont les caractères essentiels sont :

1°. D'être incapables de contracter subitement et itérativement, dans tous les temps, aucune de leurs parties solides, ni d'exécuter, par ces parties, des mouvemens subits ou instantanés, répétés de suite autant de fois qu'une cause stimulante les provoquerait ;

2°. De ne pouvoir agir, ni se déplacer eux-mêmes, c'est-à-dire, quitter le lieu dans lequel chacun d'eux est fixé ou situé ;

3°. D'avoir seulement leurs fluides susceptibles d'exécuter les mouvemens vitaux ; leurs solides par défaut d'irritabilité, ne pouvant, par des réactions réelles, concourir à l'exécution de ces mouvemens, que des causes excitatrices du dehors ont le pouvoir d'opérer ;

4°. De n'avoir point d'organes spéciaux intérieurs ; mais d'obtenir, des mouvemens de leurs fluides, une multitude de canaux vasculiformes, la plupart perforés latéralement, et en général parallèles entre eux ; ce qui est cause que, dans tous, l'organisation n'est que plus ou moins modifiée sans composition réelle, et que les parties de ces corps se transforment aisément les unes dans les autres ;

5°. De n'exécuter aucune *digestion*, mais seulement une élaboration des sucs qui les nourrissent et qui donnent lieu à leurs produits, en sorte qu'ils n'ont qu'une surface absorbante (l'extérieure), et qu'ils n'absorbent pour alimens que des matières fluides ou dont les particules sont désunies ;

6°. De n'avoir point de *circulation* réelle dans leurs fluides, mais d'offrir, dans leurs sucs séveux, des mouvemens de déplacement dont les principaux paraissent alternativement ascendans et descendans, ce qui a fait supposer l'existence de deux sortes de sève ; l'une provenant de l'absorption, par les racines, et l'autre résultant de celle par les feuilles ;

7°. D'opérer en eux deux sortes de végétation ; l'une ascendante, et l'autre descendante, à partir d'un point intermédiaire ou *nœud vital*, situé dans la base du collet de la racine, et qui est, en général, plus vivace que les autres;

8°. D'avoir une tendance à diriger leur végétation supérieure perpendiculairement au plan de l'horizon, et non à celui du sol qui les soutient;

9°. De former la plupart des êtres composés d'individus réunis sur un corps commun vivant, qui développe annuellement les générations successives de ces individus.

A ce tableau resserré des faits positifs qui caractérisent les *végétaux*, si, comme je vais le faire, on oppose celui des caractères essentiels des *animaux*, on reconnaîtra que la nature a établi, entre ces deux sortes de corps vivans, une ligne de démarcation tranchée qui ne leur permet pas de s'unir par aucun point des séries qu'elles forment. Or, ce n'est point là ce qu'on nous dit à l'égard de ces deux sortes d'êtres : tant il est vrai que presque tout est encore à faire pour donner des uns et des autres l'idée juste que nous devons en avoir!

Nous avons montré, dans l'*Introduction de notre Histoire naturelle des animaux sans vertèbres*, que les végétaux sont partout très-distingués des animaux; que la série des premiers ne se lie et ne se nuance nulle part avec celle des seconds, quoique sous un rapport remarquable, l'une et l'autre séries soient véritablement rapprochées par une de leurs extrémités.

Ce fut effectivement une erreur évidente que l'idée d'admettre une gradation nuancée entre toutes les productions de la nature, de manière à pouvoir passer sans interruption des corps inorganiques aux végétaux, et de ceux-ci aux animaux, comme si tous ces objets formaient une véritable chaîne ; bien loin de là, ils ne constituent pas même une série simple avec des lacunes.

En effet, nous avons fait voir d'abord, que les corps inorganiques se trouvaient séparés des corps vivans par une distance considérable que la nature de ces corps met entre les uns et les autres. Ensuite, nous avons montré que, parmi les corps vivans, il n'est pas vrai que les animaux soient une suite des végétaux, c'est-à-dire, que la nature n'a pas eu besoin de produire les derniers pour amener la formation des premiers. L'observation atteste, au contraire, qu'à l'égard des deux branches remarquables qui partagent tous les corps vivans, et qui constituent pour nous deux règnes très-distincts, parmi les corps organisés, l'une et l'autre de ces branches furent instituées ou commencées simultanément par la nature. La différence des types dont elle fit usage à l'égard de l'une et de l'autre de ces branches produisit les éminentes distinctions qu'on a remarquées parmi elles.

Obligée, de part et d'autre, de commencer par l'institution des objets les plus simples en composition de parties, par les consistances les plus frêles, ainsi que par les moindres tailles des corps que ces objets constituent, la nature a ensuite, conformément à sa tendance constante, modifié de plus en plus, enfin compliqué graduellement la composition des objets dont il s'agit. Ainsi, par cette voie, tous les corps vivans, quels qu'ils soient, reçurent successivement l'existence. Ce fut donc la différence des types primairement institués qui amena les grandes distinctions qui s'observent entre chacun des deux règnes des corps vivans.

Que le type premier du végétal soit simple, ou double, ou triple, comme cela pourrait être, si la nature a commencé les végétaux par une seule branche, ou par deux ou par trois, ce type est néanmoins, par la composition chimique de ses parties, totalement dépourvu d'*irritabilité*. Ce même type n'est point déterminé, et probablement ne saurait l'être; mais c'est parmi les *byssoïdes*, les *fungoïdes*, et peut-être les *lichéna-*

cées, ou dans le voisinage de ces familles, que nous pouvons supposer son existence.

On conçoit qu'ensuite les *mousses*, les *fougères*, les *palmiers*, les *liliacées*, et cette multitude de familles, caractérisées par les botanistes, furent successivement amenés par la nature. On sent, en outre, que son ordre véritable, dans la production des végétaux, a été assez bien saisi par les botanistes modernes, qui placent en tête de leur ordre les plantes *cryptogames* ou *agames*, ensuite celles qui sont *monocotylédones*, enfin qui le terminent par la nombreuse suite des plantes *dicotylédones*, parmi lesquelles plusieurs semblent être *polycotylédones*. Quoique cet ordre de distribution semble assez naturel, il reste encore beaucoup à désirer sur le véritable rang à assigner à la plupart des familles reconnues, surtout parmi les *dicotylédones*, et même à la forme générale de la distribution.

En effet, dans l'ordre de production des différens végétaux, la suite de races qui en est nécessairement résultée, non-seulement ne constitue pas une série simple, mais nous paraît en former une très-rameuse. Or, il est important de considérer que, quelque ramifiée que soit la série dont il vient d'être question, toutes ses parties néanmoins, conséquemment ses ramifications elles-mêmes, sont généralement dans un ordre progressif, résultat essentiel de la tendance constante de la nature à compliquer graduellement soit les modifications, soit la composition de l'organisation intérieure. Il résulte de cette loi de la nature qu'il n'est pas vrai, comme on l'a dit, que les ramifications de la série générale de ses productions, soit végétales, soit animales, puissent être disposées en *orbes* divers, ou en *réticulations*, ou en *carte géographique;* ce qui exclurait l'ordre progressif, partout reconnaissable. Cet ordre progressif est si évident, qu'on peut assurer que, quelque puissante que soit la nature, elle ne possède aucun moyen de produire directement un *anona*, ou un *liriodendrum*, ou un *magnolia*.

Au reste, les deux règnes des corps vivans sont si étendus, si diversifiés dans les familles, les genres et surtout les races que l'un et l'autre comprennent, que, quelque nombreuses que soient les espèces déjà observées parmi les végétaux, nous sommes probablement encore éloignés de connaître toutes celles qui existent. Il en est sans doute de même à l'égard des animaux, et cependant ceux-ci sont assurément bien plus nombreux que tous les végétaux existans.

La progression qui existe dans tout ce que fait

la nature est si frappante, qu'elle ne se montre pas seulement dans les modifications des corps, ou dans la complication de leur composition; mais qu'on la retrouve encore dans la diversité des espèces. Effectivement, toutes celles connues qui constituent le règne minéral, ou même la totalité des corps inorganiques, sont en très-petit nombre relativement à celles déjà observées parmi les végétaux; et celles-ci, comme nous venons de le dire, sont en nombre fort inférieur à celles des animaux.

N'ayant d'autres facultés que celles qui sont communes à tous les corps vivans, et pas une seule qui soit particulière à quelqu'un d'eux, les végétaux n'offrent dans leur organisation intérieure que des modifications variées selon les familles, tant dans les tubes vasculiformes que dans le tissu utriculaire de leur moëlle, et autres parties qui composent cette organisation; les seuls organes spéciaux que certains possèdent se développant toujours au dehors, tels que ceux qui servent à la génération sexuelle. Ils n'ont donc de diversité entre eux que dans leur mode d'être, et dans celui de végéter; et comme ils ne sauraient agir, tous sont dépourvus de mœurs.

La plupart ont un corps commun vivant, qui a l'apparence d'un individu, mais qui donne naissance à des individus véritables qui y adhèrent et s'y développent successivement. Ces individus adhérans au corps commun se montrent en général sous la forme de bourgeons, développent des feuilles et des fleurs, amènent la formation des graines qui sont des corps séparables, contenant les germes de nouveaux individus qui doivent vivre isolément, et néanmoins préparent la formation de nouveaux bourgeons, ainsi que celle de longues fibres qu'ils ajoutent au corps commun; concourant, par cette voie, à accroître ses dimensions en grosseur et en longueur. On trouve un pareil exemple de corps communs vivans, donnant naissance à des individus particuliers, dans le règne animal; mais c'est uniquement parmi les *polypes* que ce singulier mode d'être a été observé. Nous allons maintenant dire un mot des animaux.

Des animaux.

Il s'agit encore ici de véritables produits de la nature; de ceux parmi eux qui sont les plus singuliers, les plus curieux, les plus remarquables; de ceux enfin qui ont amené le terme des merveilles en phénomènes auxquelles cette nature a eu le pouvoir de donner lieu dans le cours de ses productions; en un mot, il s'agit des *animaux*, c'est-à-dire, de ces êtres qu'embrasse celle des deux catégories des corps vivans qui est la plus éminente et la plus intéressante pour nous à connaître, puisque, sous le rapport de notre *être physique*, nous en faisons partie nous-mêmes.

Dans tout ce qu'elle fait, la nature, procédant toujours du plus simple vers le plus composé, a commencé ici, comme dans les végétaux, par le corps animal le plus frêle et le plus simple en composition de parties. Ce corps, quel qu'il soit, fut le type d'où elle est partie pour amener successivement et graduellement la totalité des êtres si curieux dont l'ensemble constitue le règne animal. Ce type, qui nous paraît représenté par la *monade terme*, ou du moins qui en est voisin, lui a nécessairement offert, dans les qualités propres à sa nature, les moyens d'instituer l'énorme catégorie des êtres si admirables qui composent le règne dont il est question. La composition chimique des parties du corps qui forme le type dont nous venons de parler, ayant donné à ce corps la faculté d'exécuter, à toute provocation, le phénomène de l'*irritabilité*, a suffi à la nature pour amener l'immense série des *animaux* qui tous généralement sont irritables, soit dans la totalité, soit dans certaines de leurs parties, et lui a fourni les moyens de donner lieu, dans un grand nombre d'entre eux, à la faculté d'exécuter des phénomènes bien plus éminens encore.

Ainsi le corps animal qui représente le type dont il s'agit, étant essentiellement irritable, offre, dans cette éminente particularité, une différence considérable avec celui qui a servi à la formation de tous les végétaux. Les animaux ont donc dû acquérir généralement, dans leurs qualités, une très-grande supériorité sur les végétaux ; et ils en sont en effet éminemment distingués.

Essayons maintenant de fixer et de circonscrire nettement les caractères essentiels de ces êtres, si dignes de notre admiration et de notre étude par les facultés qui leur sont propres, et dont un grand nombre d'entre eux se rapprochent de nous par l'organisation.

Les *animaux* sont des corps vivans irritables dont les caractères essentiels sont :

1°. D'avoir des parties instantanément contractiles sur elles-mêmes, et d'être susceptibles de les mouvoir subitement et itérativement;

2°. D'être les seuls corps vivans qui aient la faculté d'*agir*, et la plupart de pouvoir se déplacer ;

3°. De n'exécuter aucun des mouvemens de leurs parties, tant internes qu'externes, qu'à la suite d'*excitations* qui les provoquent, et de pouvoir répéter de suite ces mouvemens autant de fois que la cause excitante les provoquera;

4°. De n'offrir aucun rapport saisissable entre les mouvemens qu'ils exécutent et la cause qui les produit;

5°. D'avoir leurs solides, ou la plupart, ainsi que leurs fluides, participant aux mouvemens vitaux;

6°. De se nourrir de matières étrangères déjà composées, et la plupart d'avoir la faculté de digérer ces matières;

7°. D'offrir entre eux une immense disparité dans la composition de leur organisation et dans leurs facultés particulières, depuis ceux qui ont l'organisation la plus simple, jusqu'à ceux dont l'organisation est la plus compliquée, et dont les organes spéciaux intérieurs sont les plus nombreux; de manière que leurs parties ne sauraient se transformer les unes dans les autres;

8°. D'être, les uns simplement *irritables*, ce qui fait qu'ils ne se meuvent que par des excitations qui leur viennent du dehors; les autres *irritables* et *sensibles*, ce qui leur donne la faculté de se mouvoir par des excitations internes que le *sentiment intérieur* qu'ils possèdent produit en eux; les autres enfin *irritables*, *sensibles* et *intelligens*, ce qui les rend capables de se mouvoir par des actes de volonté, quoique le plus souvent ils agissent sans préméditation;

9°. De n'avoir aucune tendance, dans le développement de leur corps, à s'élancer perpendiculairement au plan de l'horizon, et de n'avoir aucun parallélisme dominant dans les canaux qui contiennent leurs fluides.

Tels sont les neuf caractères essentiels qui sont généralement propres aux *animaux*, et qui les distinguent éminemment de tout végétal quelconque, ces neuf caractères étant tous en opposition et contradictoires à ceux qui appartiennent aux végétaux. (*Hist. nat. des anim. sans vert.*, *vol.* 1, p. 111 à 113.)

Relativement au phénomène très-singulier des mouvemens par *excitation*, dont les animaux seuls fournissent un exemple, nous renvoyons aux développemens que nous en avons donnés dans l'*introduction de notre histoire naturelle des animaux sans vertèbres* au lieu cité. Ici nous nous bornerons à exposer les axiomes qui suivent :

1°. Nulle sorte ou nulle particule de matière

ne saurait avoir en elle-même la propriété de se mouvoir, ni celle de vivre, ni celle de sentir, ni celle de penser ou d'avoir des idées ; et si, parmi les corps, il y en a qui soient doués, soit de toutes ces facultés, soit de quelqu'une d'entre elles, on doit considérer alors ces facultés comme des phénomènes physiques que la nature a su produire, non par l'emploi de telle matière qui posséderait elle-même telle ou telle de ces facultés, mais par l'ordre et l'état de choses qu'elle a institués dans chaque organisation et dans chaque système d'organes particulier ;

2°. Toute faculté animale, quelle qu'elle soit, est un phénomène organique ; et cette faculté résulte d'un système ou appareil d'organes qui y donne lieu, en sorte qu'elle en est nécessairement dépendante ;

3°. Plus une faculté est éminente, plus le système d'organes qui la produit est composé et appartient à une organisation compliquée ; plus aussi son mécanisme est difficile à saisir. Mais cette faculté n'en est pas moins un phénomène d'organisation, et est en cela purement physique ;

4°. Tout système d'organes qui n'est pas commun à tous les animaux, donne lieu à une faculté qui est particulière à ceux qui le possèdent ; et lorsque ce système spécial n'existe plus, la faculté qu'il produisait ne saurait plus exister; ou s'il n'est qu'altéré, la faculté qui en résultait l'est pareillement;

5°. Comme l'organisation elle-même, tout système d'organes particulier est assujetti à des conditions nécessaires pour qu'il puisse exécuter ses fonctions; et, parmi ces conditions, celle de faire partie d'une organisation dans le degré de composition où on l'observe est au nombre des essentielles;

6°. L'*irritabilité* des parties souples, quoique dans différens degrés, selon leur nature, étant le propre de tous les animaux, et non une faculté particulière, n'est point le produit d'aucun système d'organes particulier dans ces parties; mais elle est celui de l'état chimique des substances de ces êtres, joint à l'ordre de choses qui existe dans le corps animal pour qu'il puisse vivre;

7°. Tout ce qui a été acquis dans l'organisation d'un individu, par l'influence des circonstances, est transmis, par la génération, à celui qui en provient, sans qu'il ait été obligé de l'acquérir par la même voie; en sorte que de la réunion de cette cause à la tendance de la nature à compliquer de plus en plus l'organisation, résulte nécessairement la grande diversité qu'on observe dans sa production des corps vivans;

8°. La nature, dans toutes ses opérations, ne pouvant procéder que graduellement, n'a pu produire tous les animaux à la fois : elle n'a d'abord formé que les plus simples ; et passant de ceux-ci jusques aux plus composés, elle a établi successivement en eux différens systèmes d'organes particuliers, les a multipliés, en a augmenté de plus en plus l'énergie, et les cumulant dans les plus parfaits, elle a fait exister tous les animaux connus avec l'organisation et les facultés que nous leur observons. Or, elle n'a rien fait absolument, ou elle a fait ainsi.

Sachant parfaitement combien ces principes sont fondés, ils m'ont dirigé dans tout ce que j'ai eu à exposer sur les animaux.

Quant à la question de savoir quels sont les moyens que possède la nature, pour exécuter ses productions, et surtout quelle est la réunion de causes qui lui a donné le pouvoir d'amener tous les animaux à l'état où nous les voyons, nous croyons en avoir donné la solution en disant que la nature, puissance toujours active, partout soumise à des lois, n'agissant que progressivement dans tout ce qu'elle exécute à l'égard des corps organisés, tendant sans cesse à composer et compliquer l'organisation, et commençant toujours par le plus simple pour arriver au plus composé où elle puisse parvenir, que la nature, dis-je, a pu, à l'aide de ces moyens et du type animal dont elle s'est servie, produire tous les animaux que nous connaissons. Cependant si nous nous en tenions à ces considérations, la cause la plus influente sur tout ce que fait la nature, celle même qui seule peut rendre raison de tout ce qu'elle a pu produire serait oubliée.

En effet, une cause dont la puissance est absolue, supérieure même à la nature, puisqu'elle régit tous ses actes, et dont l'empire embrasse toutes les parties de son domaine, ne saurait être ici passée sous silence. Cette cause réside dans le pouvoir qu'ont les *circonstances* de modifier toutes les opérations de la nature, de forcer cette dernière à changer continuellement les lois qu'elle eût employées sans elles, et de déterminer généralement la nature de chacun de ses produits; en sorte que c'est à cette même cause qu'il faut attribuer l'extrême diversité des productions de la nature. C'est une vérité incontestable, puisque partout l'observation l'atteste, qu'à l'empire des circonstances, qu'à la nécessité qu'il impose partout, ce que peut faire la nature est généralement assujetti. Ainsi cette cause, essentiellement déterminante, doit être ajoutée aux moyens que nous avons attribués à la nature ; et dès-lors nous aurons le complément des causes qui ont amené l'existence de tous les objets que nous observons. Il résulte de ce que nous venons de dire deux considérations intéressantes et également fondées, savoir :

1°. Que la nature, avec tous ces moyens, exécute à l'égard des corps tout ce qui a été produit en eux ;

2°. Que les circonstances déterminent positivement ce que chacun de ces corps peut être.

Puisque la nature, dans sa production des corps vivans, c'est-à-dire, dans celle des végétaux et dans celle des animaux, a procédé du plus simple vers le plus composé, on doit trouver de part et d'autre, aux deux extrémités de l'échelle que forment les objets de ses opérations, ceux qui offrent les dissemblances les plus considérables. C'est, en effet, ce qui s'observe dans les deux règnes cités ; et quoique dans chacun d'eux la série qui représente cette échelle soit toujours plus ou moins rameuse, comme tout est progressif dans ce que fait la nature, que la progression se montre dans le tronc comme dans les branches de la série dont il est question, les dissemblances citées existent constamment.

C'est surtout dans le règne animal que les dissemblances dont je viens de parler sont les plus frappantes par leur extrême étendue. Si, effectivement, la nature a commencé l'institution du règne animal par la *monade terme*, ou par un type avoisinant, on trouvera, dans la comparaison de ce frêle animalcule avec l'animal le plus parfait sous tous les rapports, qu'elle est ensuite parvenue à produire les extrêmes dissemblances dont il a été question; et l'on pourra en conclure que l'ordre de production de la nature, à l'égard des animaux, est probablement très-rapproché de celui que nous avons établi. Pour s'en former une idée claire, l'indication très-concise que nous en allons donner pourra suffire. Ainsi, d'après ce que nous avons exposé sur ce sujet, dans nos ouvrages, nous nous croyons autorisé à conclure :

1°. Que les *infusoires* sont les premiers et les plus anciens des animaux, ainsi que les plus simples et les plus imparfaits sous tous les rapports;

2°. Que les *polypes* qui suivent les infusoires, presque sans lacunes, en provinrent directement; mais qu'au lieu d'offrir une série simple, ils paraissent se diviser en trois branches particulières qui alternent à leur origine;

3°. Que les *radiaires*, animaux singuliers par la disposition rayonnante de leur forme générale, constituent l'une des branches dont il vient d'être question, et nous semblent la terminer;

4°. Que les *vers* qui viennent ensuite, nous offrent la seconde branche, et commencent la grande et belle série des *animaux articulés*;

5°. Que les *tuniciers* forment la troisième des branches que produisent les polypes, et constituent la série des *animaux inarticulés* dans toutes leurs parties;

6°. Que les *insectes*, après une lacune que les *épizoaires* semblent remplir, offrent, parmi les animaux articulés, l'une des classes les plus étendues et les plus intéressantes;

7°. Que les *arachnides*, si rapprochées des insectes sous certaines considérations, mais qui en sont très-distinctes, sont encore des animaux articulés qui paraissent avoir été commencés simultanément avec les insectes les plus imparfaits, et dont la plupart néanmoins ont l'organisation plus avancée en composition que celle de ces animaux;

8°. Que les *crustacés*, plus perfectionnés encore, sont aussi des animaux articulés, et proviennent d'une branche qui se sépare des arachnides; ces crustacés offrant eux-mêmes un rameau (les *entomostracés* de Muller) que je crois conduire aux cirrhipèdes;

9°. Que les *annelides*, singulières par leur corps vermiforme, appartiennent encore aux animaux articulés, et néanmoins semblent hors de rang, ou constituent un rameau particulier dont le point d'origine n'est pas connu ;

10°. Que les *cirrhipèdes*, si remarquables par leur forme particulière, terminent la série des animaux articulés, semblent une suite de certains crustacés, en sont néanmoins singulièrement distincts, et après eux ne se lient à aucune autre classe d'animaux;

11°. Que les *conchifères*, très-belle classe du règne animal, sont des animaux inarticulés qui suivent immédiatement les tuniciers, les surpassent en perfectionnement d'organisation, et sont tous généralement testacés ;

12°. Qu'enfin les *mollusques*, qui constituent l'une des plus intéressantes classes du règne animal, suivent, presque sans lacune, les conchifères, en sont généralement distincts, terminent la série des animaux inarticulés, et complètent notre grande division des animaux sans vertèbres, offrant en eux l'organisation la plus avancée en composition parmi ces animaux ;

13°. Que les *poissons*, après un *hyatus* qui les sépare des invertébrés, auxquels ils sont supérieurs en composition d'organisation, commencent la belle coupe des animaux vertébrés, en sont les plus imparfaits, et offrent, sous une forme singulière, appropriée aux milieux qu'ils habitent, l'ébauche, presque méconnaissable, du plan commun d'organisation qui est propre aux animaux à squelette;

14°. Que les *reptiles*, qui continuent la suite des animaux vertébrés, et viennent nécessairement après les poissons, constituent une série rameuse dont une des branches paraît conduire, par les tortues et les ornithorynques, à la nombreuse classe des oiseaux, tandis qu'une autre branche semble se diriger, à l'origine des lézards, vers les mammifères;

15°. Que les *oiseaux*, très-belle classe d'animaux vertébrés, singuliers par leur forme et les plumes qui les recouvrent, commencent probablement par les manchots et les pingouins, et constituent une série rameuse et très-variée dont une des branches se termine par les oiseaux de proie;

16°. Qu'enfin les *mammifères*, classe dernière et la plus intéressante des animaux vertébrés, embrassent ceux de ces animaux qui sont les plus parfaits, et amènent, par les quadrumanes et même par l'homme, le terme de ce que la nature a pu faire de plus éminent dans le règne animal.

Ainsi, relativement à l'ordre de la production des animaux par la nature, celui que nous venons de présenter étant probablement très-rapproché du sien, on sent qu'il lui a suffi d'avoir su instituer l'animalisation de la *monade terme*, pour avoir pu amener ensuite successivement la formation de tous les autres animaux jusqu'à l'homme ; que, sans la production du type par lequel elle a commencé, il lui eût été impossible d'amener directement la formation d'aucun des autres animaux que nous avons cités ; qu'en un mot, en comparant les termes des deux extrémités de leur immense série, on trouve en eux la plus grande dissemblance qu'il soit possible d'imaginer. L'homme est donc le terme le plus éminent de cette grande série de productions, et l'objet qui en est le plus remarquable à tous égards.

Ayant le plus grand intérêt à connaître cet être aussi singulier qu'admirable, voyons ce qu'il est réellement, examinons ce que l'observation nous apprend de positif à son égard, et jugeons-le rigoureusement, en le dépouillant de toutes les illusions que lui a inspirées son amour-propre et de tout ce que sa vanité lui a fait admettre par la voie de son imagination.

DEUXIÈME PARTIE.

De l'homme et de certains systèmes organiques observés en lui, lesquels concourent à l'exécution de ses actions.

L'HOMME, véritable produit de la nature, terme absolu de tout ce qu'elle a pu faire exister de plus éminent sur notre globe, est un corps vivant qui fait partie du règne animal, appartient à la classe des mammifères, et tient par ses rapports aux quadrumanes dont il est distingué par diverses modifications, tant dans sa taille, sa forme, sa stature, que dans son organisation intérieure; modifications qu'il doit aux habitudes qu'il a prises et à sa supériorité qui l'a rendu dominant sur tous les êtres de ce globe, et lui a permis de s'y multiplier, de s'y répandre partout, et d'y comprimer la multiplication de celles des autres races d'animaux qui auraient pu lui disputer l'empire de la force.

Il tient la supériorité dont il vient d'être question, d'une part, de son intelligence qui est de beaucoup supérieure à celle des autres êtres qui jouissent de cette faculté, et d'une autre part, de sa stature, ainsi que de la forme et de l'emploi de ses membres; ses pieds ne servant qu'à le soutenir, sans être employés à la préhension; ses mains au contraire ne servant point à la locomotion, et lui offrant, dans leur forme, tout ce qui peut servir son adresse et son industrie. La supériorité dont je viens de parler tient aussi à l'ensemble plus perfectionné de ses sens. Tel ou tel sens particulier, dans d'autres animaux, peut bien être supérieur à tel ou tel de ceux que possède l'homme; mais, dans aucun d'entre eux, la réunion de leurs sens considérés ne saurait égaler la sienne en perfectionnement.

Nous avons dit que l'homme appartenait à la classe des mammifères, et en cela nous fûmes fondé sur ce que son organisation est la même que celle de ces animaux, dans tout ce qu'elle a d'essentiel; elle n'en diffère donc que dans les modifications qui sont propres à son espèce; aussi, comme les autres produits de la nature, parmi les corps vivans, l'espèce humaine offre différentes variétés auxquelles on a donné le nom de *races*; et qui existent chacune dans des régions particulières du globe. Probablement, la plus ancienne d'entre elles est la race caucasique, qui est en même temps la plus perfectionnée.

Ainsi, par l'habitude qu'il prit d'une stature nouvelle et très-particulière, l'homme ayant obtenu, de ses membres antérieurs, de grands moyens et surtout une adresse très-considérable, parvint à se fabriquer différentes sortes d'armes, à s'en servir avec succès, tant pour se défendre que pour attaquer, et sut dominer, par cette voie, ceux des animaux qui l'égalaient ou le surpassaient en taille et en force. Il put donc multiplier indéfiniment les individus de son espèce, les répandre partout, s'emparer de tous les lieux habitables, réduire les développemens et la multiplication, tant des espèces voisines de la sienne, que de celles qui sont les plus fortes et les plus féroces, les reléguer dans des déserts ou dans des lieux difficiles qu'il n'a pas daigné habiter, et par là rendre stationnaires leurs développemens et l'état de leurs facultés.

S'étant ainsi répandu presque partout, et ayant pu se multiplier considérablement, ses besoins s'accrurent progressivement par suite de ses relations avec ses semblables, et se trouvèrent infiniment diversifiés. Or, ceux des animaux qui jouissent comme lui des facultés d'intelligence, mais dans des degrés fort inférieurs, n'ayant qu'un petit nombre de besoins comparativement aux siens, n'ont aussi qu'un très-petit nombre d'idées; et, pour communiquer entre eux, quelques signes leur suffisent entièrement. Il en est bien autrement à l'égard de l'homme; car ses besoins s'étant infiniment accrus et diversifiés, et le forçant à multiplier et à varier proportionnellement ses idées, il fut obligé d'employer des moyens plus compliqués pour communiquer sa pensée à ses semblables. De simples signes ne lui suffirent plus. Il lui fallut non-seulement varier les sons de sa voix, mais en outre les articuler; et selon le développement particulier de l'état intellectuel de chaque peuple, les sons articulés, destinés à transmettre les idées, reçurent une complication plus ou moins grande. La faculté de former des sons articulés, qui, par convention, expriment des idées, constitue donc celle de la *parole* que l'homme seul a pu se procurer; et la nature des conventions admises, pour attribuer à ces sons articulés des idées usuelles, constitue aussi les diverses langues dont il fait usage. Quant aux conventions qui distinguent ces dernières, on peut dire qu'elles prirent partout leur source dans les circonstances particulières où se trouvèrent les peuples, et par les habitudes qu'ils admirent alors pour exprimer les idées dont ils faisaient usage; et, quoiqu'il soit évident qu'aucune langue ne peut être plus naturelle à l'homme que d'autres, c'est-à-dire, qu'il n'y ait point de *langue mère*, celles qui se formèrent par l'usage chez les différentes nations, s'altérant toujours avec le temps, et de proche en proche, non-seulement se diversifièrent, mais donnèrent lieu à une multitude énorme d'*idiomes* particuliers qui ne sont connus que dans les lieux où on les emploie.

Ainsi la multiplication et l'étendue des moyens que l'homme sut imaginer pour communiquer ses idées aux individus de son espèce, contribuèrent singulièrement à développer son intelligence; et il obtint, par cette réunion de voies, une supériorité si grande sur les animaux, même sur ceux qui sont les plus perfectionnés après lui, qu'il laissa une distance considérable entre son espèce et les leurs.

Maintenant on est autorisé à dire que «l'homme est un être intelligent, qui communique à ses semblables sa pensée par la parole, et qui est le plus étonnant et le plus admirable de tous ceux qui appartiennent à notre planète. Dominateur à la surface du globe qu'il habite, dominateur même des individus de son espèce, leur ami sous certains rapports, et leur ennemi sous d'autres, il offre, dans ses qualités et l'étendue de ses facultés, les contrastes les plus opposés, les extrêmes les plus remarquables. Effectivement, cet être, en quelque sorte incompréhensible, présente en lui, soit le *maximum* des meilleures qualités, soit celui des plus mauvaises; car il donne des exemples de bonté, de bienfaisance, de générosité, etc., tels qu'aucun autre n'en saurait fournir de pareils; et il en donne aussi de dureté, de méchanceté, de cruauté et de barbarie même, tels encore que les animaux les plus féroces ne sauraient les égaler. Relativement à ses penchans, tantôt dirigé par la raison et par une intelligence supérieure, il montre les inclinations les plus nobles, un amour constant pour la vérité, pour les connaissances positives de tout genre, pour le bien sous tous les rapports, pour la justice, l'honneur, etc.; et tantôt, se livrant à l'égoïsme (1),

---

(1) L'homme, par son égoïsme trop peu clairvoyant pour ses propres intérêts, par son penchant à jouir de tout ce qui est à sa disposition, en un mot, par son insouciance pour l'avenir et pour ses semblables, semble travailler à l'anéantissement de ses moyens de conservation et à la destruction même de sa propre espèce. En détruisant partout les grands végétaux qui protégeaient le sol, pour des objets qui satisfont son avidité du moment, il amène rapidement à la stérilité ce sol qu'il

il offre, soit des inclinations viles et basses, soit une tendance continuelle à tromper, à opprimer, à jouir du mal qu'il occasionne, des méchancetés qu'il exerce, et même de ses cruautés. Enfin, quant à l'étendue de ses facultés d'intelligence, il présente, dans chaque pays civilisé, parmi les individus de son espèce, une disparité considérable entre le plus brut ou le plus grossier, le plus pauvre en idées et en connaissances, le plus borné dans son esprit et son jugement, et qui se trouve presque au dessous de l'animal, et le plus spirituel, le plus riche en idées et en connaissances diverses, en un mot, dont le jugement est le plus solide, ou dont le génie, élevé et profond, atteint jusqu'à la sublimité! Comme ceux qui n'appar-

---

habite, donne lieu au tarissement des sources, en écarte les animaux qui y trouvaient leur subsistance, et fait que de grandes parties du globe, autrefois très-fertiles et très-peuplées à tous égards, sont maintenant nues, stériles, inhabitables et désertes. Négligeant toujours les conseils de l'expérience, pour s'abandonner à ses passions, il est perpétuellement en guerre avec ses semblables, et les détruit de toutes parts et sous tous prétextes : en sorte qu'on voit des populations, autrefois considérables, s'appauvrir de plus en plus. On dirait que l'homme est destiné à s'exterminer lui-même après avoir rendu le globe inhabitable.

tiennent ni à l'un ni à l'autre de ces deux points extrêmes, remplissent nécessairement les degrés intermédiaires, c'est donc une chose réelle et incontestable, ainsi que je l'ai dit dans mes ouvrages, que l'existence d'une échelle graduée entre les individus qui composent l'espèce humaine; échelle d'une étendue immense, et qui offre successivement des supériorités très-marquées dans le nombre des idées acquises, la variété des connaissances, et la rectitude de jugement de ces individus. »

« D'après ce que je viens d'exposer à l'égard de l'homme, et que l'on pourra apprécier en examinant ses actions et consultant son histoire, cet être est réellement le plus étonnant de tous ceux qui existent sur le globe. On pourrait même ajouter qu'il est de tous les êtres qu'il a pu observer, celui qu'il connaît le moins; et qu'il ne parviendra jamais à se connaître véritablement que lorsque la nature elle-même lui sera mieux connue. »

« Ce que j'aperçois ici de plus positif, c'est que, sous le rapport de son être physique, l'homme est entièrement assujéti aux lois de la nature; qu'entraîné par les penchans qu'il en a reçus, il agit toujours conformément à ces lois et par elles, en sorte que, dans des circonstances parfaitement semblables, ses actions se ressemblent constamment; qu'il fait partie des corps vivans, et que, conséquemment, il se trouve soumis aux lois qui les régissent; qu'il tient aux animaux par l'organisation, et qu'à cet égard, il offre, dans l'ensemble des parties de la sienne, le terme des perfectionnemens que la nature est parvenue à donner à l'organisation animale; qu'en effet, la sienne est la plus compliquée de toutes les organisations existantes, celle même dont les organes particuliers les plus importans sont aussi les plus composés, celle, en un mot, qui permet la plus grande extension aux facultés les plus éminentes. »

« Ici, encore, ce que je vois de très-positif à l'égard de l'homme, c'est que, relativement aux sources de ses actions, il en possède réellement deux qui sont très-différentes, savoir: 1°. l'*intelligence* qui lui donne la faculté de penser, amène souvent la volonté d'agir, et dont les actes, dans l'état sain, sont toujours à sa disposition; 2°. l'*instinct* qui l'entraîne et le fait souvent agir à son insu, et dont les actes, conséquemment, ne sont point à sa disposition, quoiqu'il puisse parvenir à les modifier, ou en quelque sorte à les comprimer. »

Nous reviendrons bientôt à l'examen de chacune de ces deux sources d'actions; mais auparavant nous dirons que les facultés qu'elles procurent à l'homme sont toutes dépendantes de son organisation, qu'elles sont uniquement le produit de fonctions qu'exécutent ceux de ses organes particuliers qui y donnent lieu, et que l'intégrité de ces facultés résulte nécessairement de celle des organes dont il s'agit.

Telles sont les principales généralités qui concernent l'homme, et qu'il conviendra toujours de prendre en considération lorsqu'on s'occupera de son histoire. Nous y ajouterons que, relativement à l'état où il se trouve actuellement dans tout pays civilisé, et aux causes qui paraissent avoir amené cet état, plus il s'éloigne de la nature, plus il compromet sa tranquillité, sa santé, sa liberté et son bonheur. La société, qui lui est si avantageuse sous certains points de vue, lui devient insensiblement très-nuisible sous mille autres : elle l'éloigne de plus en plus de la vie simple ; le porte à multiplier à l'infini ses besoins ; développe ses penchans, en leur fournissant des occasions de se diviser et sous-diviser en ramifications sans terme ; exalte en lui, tantôt telle passion, tantôt telle autre, et même plusieurs à la fois, selon les circonstances de sa situation ; enfin, multipliant ses intérêts, ainsi que les chocs que ceux-ci ont sans cesse à subir, elle l'expose continuellement à mille tourmens d'esprit dont l'influence sur sa destinée est, comme nous allons voir, des plus puissantes.

« Si, effectivement, l'on examine ce qui est résulté pour l'homme de cet ordre de choses que la société constitue, on verra :

1°. Que la société qui, primitivement, a pu consister dans l'engagement que prit un nombre quelconque d'individus de se garantir mutuellement d'agressions étrangères, a dû bientôt amener la civilisation; car, dès que cette société fut formée et agrandie, l'institution de la propriété devint indispensable, et dès-lors des lois et un gouvernement lui furent nécessaires;

2°. Que la civilisation étant établie dans un pays, a peu à peu amené, parmi les hommes qui l'habitent, une immense disparité dans leur situation, leurs moyens et leur état d'intelligence;

3°. Que cette énorme disparité, fournissant à ceux qui eurent plus de moyens, une grande facilité pour dominer les autres, et s'emparer du pouvoir, ceux qui y parvinrent l'accrurent graduellement, perfectionnèrent de plus en plus l'art de le maintenir, et surent retenir la multitude dans un état d'infériorité, en lui inspirant adroitement des préventions et des prestiges qui la tiennent enchaînée ;

4°. Que l'état de gêne des individus qui composent la multitude dont je viens de parler, bornant leurs jouissances, tandis que leurs intérêts et leurs besoins accrus leur en faisaient désirer de plus grandes, porta peu à peu la plupart à fuir leurs habitations presque isolées, à quitter les campagnes, et à se cumuler en nombre en quelque sorte immense dans de grandes villes ;

5°. Que là, les uns étant resserrés en général dans des lieux mal sains, ne respirant qu'un air vicié, irrégulièrement et mal nourris, se livrant à toutes sortes d'excès lorsqu'ils en trouvent l'occasion, tandis que les autres, occupés d'industries diverses, ou plongés dans la mollesse et dans l'oisiveté, s'éloignent continuellement, par leur manière de vivre, de ce qu'exige la nature pour la conservation de leur santé ; les individus de tout étage, que comprennent ces grandes populations réunies, en proie à tous les maux qu'entraînent les vices qui s'introduisent parmi eux, agités, tourmentés par des passions diverses, voient, sans le remarquer, leur santé s'altérer, leur sang se vicier de mille manières, quantité de désordres divers se former dans leur organisation, enfin le germe d'un nombre considérable et toujours croissant de maladies différentes, et en quelque sorte endémiques, se transmettre et se perpétuer chez eux par la génération.»

« Que d'objets je passe ici sous silence, et qui eussent singulièrement grossi ce tableau de l'homme en civilisation, si je les eusse cités ! Je dirai seulement que quelque changemens que la civilisation ait fait éprouver à l'homme, quelque grandes que soient les améliorations qu'il en a retirées, et qui ne sont toujours que le propre d'un petit nombre, on le retrouve continuellement partout ce que la nature l'a fait, ayant les mêmes penchans, susceptible des mêmes passions, abusant ou opprimant ses semblables, se tourmentant lui-même : en sorte que ce n'est guère que dans certaines situations, moyennes entre la misère et la richesse ou les grandeurs, qu'on en voit jouir des douceurs d'une vie paisible et heureuse. » *Nouv. Dict. d'hist. nat., édit. de Déterville.*

Généralités sur le Sentiment.

L'organisation des animaux sensibles, plus encore celle des animaux intelligens, et surtout celle de l'homme, se composent de divers organes particuliers, ainsi que de différens systèmes d'organes pareillement particuliers, plu. ou moins composés eux-mêmes, et qui tous ont des fonctions spéciales à exécuter, tant pour la conservation de la vie de l'individu et sa reproduction, que pour les facultés dont il est doué et l'exécution des actions qui intéressent ses besoins.

En considérant ces diverses sortes d'organes, j'ai senti la possibilité d'établir parmi elles une distinction qui m'a paru d'autant plus importante, que sa considération seule peut nous affranchir d'une illusion que l'on s'est faite assez généralement à l'égard de la nature des phénomènes que certains de ces organes produisent. Or, le besoin de parvenir à la connaissance de la vérité dans toute chose, et principalement dans ce qui nous concerne immédiatement, m'a fait remarquer que, parmi ces différens organes ou systèmes d'organes, les uns sont en quelque sorte grossiers, faciles à distinguer, aisément déterminables dans leur forme, leur connexion avec d'autres, les divisions de leurs parties, les fluides qu'ils contiennent, et la nature de leurs fonctions réelles, quoique le mécanisme de ces fonctions ne soit pas toujours saisi. Les principaux de ces organes si distincts sont ceux qui servent à la locomotion de l'individu, à ses mouvemens divers ou à ceux de ses parties; ceux qui concourent à l'effectuation de la digestion de ses alimens, au perfectionnement de son chyle, à la dépuration de ses fluides essentiels; ceux qui sont employés aux secrétions et aux excrétions les plus connues de son corps; ceux qui servent à sa régénération, à ses sens, à sa voix, etc.. Ce sont là les parties les plus connues de l'organisation des êtres vivans dont je parle; et c'est à l'ensemble de ces parties que je donne le nom d'*organisme distinct*, parce que sa connaissance est à la portée des intelligences ordinaires, et que l'anatomie ne nous laisse presque rien à désirer sur ce qui est de son ressort à cet égard; ainsi je ne m'en occuperai pas davantage.

Les autres organes ou systèmes d'organes, quoique visibles ou perceptibles dans leurs masses, soit générales, soit particulières, sont au contraire véritablement *indistincts*; car, bien plus délicats que les premiers, ils sont tantôt d'une petitesse extrême, et tantôt plus étendus en volume, mais d'une mollesse si grande dans l'état de leur substance, et d'une ténuité si considérable dans les divisions de leurs parties, que la détermination de leur nature, de leur véritable structure, de leurs divisions, en un mot, de leurs fonctions réelles, est pour nous à peu près inextricable; aussi l'anatomie n'a-t-elle presque plus de prise à leur égard. Les fluides subtils retenus dans ces parties, et qui s'y meuvent diversement, échappent tout-à-fait à nos sens, à nos moyens, et nous serions tentés d'en nier l'existence, si nous ne savions positivement qu'à l'égard de tout acte organique, des solides seuls ne peuvent rien opérer, et qu'il s'agit toujours de relations entre des fluides en mouvement et des solides quelconques d'où résultent les phénomènes de ces actes. Mais si, dans l'organisme distinct mentionné ci-dessus, les organes, pour ainsi dire, grossiers, qui le composent, ont été assez facilement reconnus, ainsi que les fluides liquides qu'ils contiennent, et si, ensuite, les résultats de leurs fonctions particulières nous ont offert des phénomènes qui, quoique non toujours expliqués dans le mécanisme de leurs causes, nous ont paru concevables et d'accord avec les lois physiques, il n'en est pas de même de ceux qui appartiennent à l'organisme dont il s'agit maintenant. Ceux-ci, effectivement, non-seulement ne sont ni connus ni déterminés dans leur structure, dans les divisions de leurs parties, dans la nature des fluides qu'ils contiennent, etc., mais leurs fonctions donnent lieu à des phénomènes si extraordinaires pour nous, que, sans considérer que les limites des moyens physiques qu'emploie la nature, dans ses opérations, ne nous sont pas connues, on les a supposés étrangers à cette dernière, hors de son domaine, en les attribuant à un objet sur lequel elle n'a point de pouvoir, et en les faisant servir comme témoins de la présence de cet objet qui, sans eux, ne saurait être connu par l'observation.

C'est, en effet, aux organes si délicats dont je viens de parler, si peu déterminables dans tout ce qui les concerne, ainsi qu'aux fluides subtils qu'ils contiennent, et qui concourent à l'exécution de leurs fonctions, en un mot, c'est à cet ensemble d'objets que j'ai donné le nom d'*organisme indistinct*, pour l'opposer, dans ma distinction, à celui qui caractérise la première division ci-dessus présentée. Enfin, c'est à ces mêmes parties de l'organisation, aux fonctions qu'elles exécutent, selon la direction des lois de la nature, que sont dus les phénomènes organiques qui donnent lieu au *sentiment* et à l'*instinct* des animaux sensibles; au *sentiment*, à l'*instinct*, aux *penchans*, aux *idées* et au cercle borné d'*actes intellectuels* des animaux intelligens dans différens degrés; en un mot, au *sentiment*, à l'*instinct*, aux *penchans* transformables en *pas-*

sions, et à l'immense étendue des *facultés intellectuelles* de l'homme.

Les phénomènes dont il vient d'être question, admirables pour nous, parce que nous n'en connûmes ni la source, ni les lois de formation, sont cependant uniquement organiques, par conséquent tout-à-fait physiques, toujours en rapport parfait avec l'état de l'organe ou des organes qui les produisent, conservant leur intégrité, leurs perfectionnemens obtenus, tant que ces organes les conservent de leur côté, subissant des altérations proportionnées à celles que ces organes ont éprouvées eux-mêmes, et enfin s'anéantissant définitivement lorsque ces derniers sont tout-à-fait détruits. Ils ne sont donc pas étrangers à l'organisation, à la nature, à ses lois; ils ne sont donc pas les témoins de la présence d'un objet sur lequel la nature n'a aucun pouvoir ; et cependant ce sont eux qui, selon leur nombre, leur éminence, leur degré de perfectionnement acquis, sont la source, soit des habitudes, soit des actions si variées des êtres en qui ils peuvent se produire.

D'après ce qui vient d'être exposé, ce que nous nommons *organisme indistinct* nous paraît clairement défini; et l'on sent qu'il doit embrasser le système nerveux en général, ainsi que les systèmes particuliers qui y appartiennent. Dans ce système général, comme dans tous les autres, il s'agit toujours, pour l'exécution des fonctions, comme pour la production des phénomènes, de relations entre des parties concrètes contenantes et un ou plusieurs fluides contenus. Or, ici les parties concrètes seraient les *nerfs*; et c'est dans leur intérieur que devraient se mouvoir les fluides contenus. Selon cette considération, il semblerait s'ensuivre que les nerfs devraient offrir des tubes creux pour la facilité des mouvemens de leurs fluides; mais leur intérieur, au contraire, paraît rempli d'une pulpe médullaire extrêmement molle, retenue dans une enveloppe d'une substance particulière très-différente de celle de la pulpe. Il faut donc que le fluide subtil contenu dans les nerfs soit d'une ténuité bien grande, et qu'en outre les interstices entre les molécules de la pulpe lui offrent des cavités suffisantes pour qu'il puisse s'y mouvoir avec la célérité extraordinaire qu'on lui connaît. Si l'on ne trouvait dans la matière électrique, un exemple parfait d'une célérité semblable, on ne pourrait croire à la vivacité des mouvemens du fluide nerveux. Il suit de cette considération que le fluide contenu dans les nerfs des animaux sensibles, de ceux qui sont en outre intelligens, et de l'homme même, est tout-à-fait analogue à la matière électrique. On a même lieu de penser qu'il n'est autre que cette matière, laquelle serait légèrement modifiée par sa présence dans l'économie animale. Ce qui paraît confirmer cette opinion, c'est que l'on connaît des animaux, tels que la *Torpille*, la *Gymnote*, et autres, qui en possèdent un réservoir particulier, constituant un appareil électro-moteur dont ils se servent pour se défendre. Ainsi, pour la production de phénomènes qui s'exécutent avec autant de rapidité que ceux des diverses sortes de sentimens, il ne fallait rien moins que l'emploi d'un organe infiniment divisé, dont les parties s'étendissent à tous les points du corps, et que celui d'un fluide admirable qui fût parfaitement égal, en subtilité et en célérité de mouvement, à la matière électrique, c'est-à-dire, à celle du tonnerre même. Le sentiment trouve donc, sous quelque forme ou modification qu'il nous soit offert, dans un organe approprié, et dans le fluide singulier qui se meut dans les parties de celui-ci, tout ce qui est nécessaire pour effectuer les beaux phénomènes qu'il présente.

Déterminons ces phénomènes, leur nature, leurs caractères, leur nombre, les modifications auxquelles ils ont donné lieu. On ne les a point connus réellement, ou on ne les a connus qu'obscurément, que mal, parce qu'on ne les a pas étudiés dans leur source. Aussi notre langue, pauvre et misérable à cet égard, n'a point d'expression pour désigner leurs différentes sortes. Le même mot (*sentiment*) est employé également pour exprimer, soit tel, soit tel autre de ces phénomènes, et à la fois certaines de leurs modifications. Pour se faire entendre maintenant, il faut donc recourir à en faire une analyse succincte et à donner une définition précise de chacun d'eux.

Les phénomènes de l'*organisme indistinct* se partagent naturellement en deux ordres éminens et si particuliers qu'on ne les a jamais confondus. Ils résultent des fonctions de systèmes d'organes bien séparés, quoique les siéges du foyer de chacun d'eux ne soient qu'à une petite distance l'un de l'autre. Ainsi :

Les uns appartiennent au *sentiment* ;

Les autres constituent l'*intelligence*.

Les phénomènes qui appartiennent au *sentiment* résultent tous d'une *cause affectante* qui agit, soit hors de l'individu sensible, soit en lui, sur certains de ses organes ; qui y produit, dans le fluide subtil qu'ils contiennent, un ébranlement qui se propage dans toutes les parties, dans tous les points mêmes de son corps; qui y multiplie l'ébranlement par l'extrême division des voies qui le propagent, et qui, par une réaction simple ou double, amène nécessairement la production des phénomènes considérés. Nous allons essayer de développer ce qui concerne cet ordre de choses admirable; et, en attendant, nous osons assurer que, pour tout phénomène qui appartient au *sentiment*, il y a toujours une *cause affectante*, des mouvemens excités qui s'étendent dans tous les points du corps, et une réaction simple ou double qui ramène l'ensemble des mouvemens en un lieu particulier.

Toute *cause affectante*, quelque faible qu'elle soit, tend toujours à désunir les parties dans le lieu du corps qui est affecté, à les écarter, à rompre leur cohérence, et par conséquent, à détruire le corps en ce lieu : cela est facile à démontrer. Or, si, par un ordre de choses approprié, l'affection qu'éprouve le corps au lieu qui la subit, s'étend dans l'instant même à tous les autres points de ce corps qui la partagent également ; et si une réaction mécanique des mouvemens imprimés rapporte l'ensemble des effets de ces mouvemens, soit au lieu primairement affecté, soit seulement au foyer commun du système d'organes qui y donne lieu, l'être entier que ce corps constitue éprouvera l'*affection* qui tend à le détruire, et le phénomène qui résulte de cette affection générale reçue sera pour cet être une perception à laquelle nous donnons le nom de *sentiment*.

Ainsi, quel que soit le mécanisme physique du *sentiment*, on peut être assuré que l'effet de toute cause qui affecte un être sensible, rencontrant un ordre de choses qui le propage dans toutes les parties de cet être, en multipliera les produits par l'énorme division des voies qui en transmettent les impressions, et par une réaction constante, rapportera en un lieu particulier du corps le même effet, singulièrement augmenté par un pareil ordre de choses. Cet être, généralement affecté, quoique d'une manière fort obscure pour lui, aura donc, dans le lieu du rapport définitif, la perception d'une affection plus ou moins éminente, selon la nature et la véhémence de la cause qui aura agi sur lui.

Pour concevoir la formation de ce beau phénomène, il faut considérer, selon les principes de ma théorie, que le *système nerveux sensitif*, quoique distinct de ceux qui fournissent, l'un à l'excitation musculaire, l'autre à l'exécution des fonctions des différens viscères, et l'autre enfin à celle des actes de l'intelligence, que ce système, dis-je, se compose d'une multitude innombrable de parties qui, de tous les points du corps, viennent toutes se réunir à un foyer commun; et qu'il forme un tout bien lié, qui s'étend partout, embrasse le corps entier, et semble se confondre avec lui. Or, ce tout, animé par la vie, et dont tous les points des parties contenantes sont irritables, recevant quelque part une impression quelconque, la partage aussitôt, et dans l'instant même en rapporte le *maximum* en un lieu particulier où il constitue l'acte du *sentiment*. Si ce *maximum* d'impressions aboutit à l'extrémité d'un ou de plusieurs nerfs, le phénomène de la *sensation* est aussitôt produit; si, au contraire, c'est au foyer commun que se termine ce même *maximum*, c'est alors un acte du *sentiment intérieur* qui s'exécute. De part et d'autre, l'effet produit se manifeste toujours dans le lieu primairement affecté. Nous allons bientôt développer ces considérations.

Relativement aux idées que l'on voudra se faire des objets dont je traite, chacun maintenant pourra choisir à son gré. Ceux que la paresse, ou une dissipation habituelle, ou une légèreté d'esprit, rend peu propres à des observations suivies et à la méditation, pourront trouver plus commode d'attribuer les phénomènes dont il est question à un merveilleux qui les débarrasse de toute pensée ultérieure à cet égard. Ce parti leur plaira d'autant plus qu'ils ignoreront que la nature n'a de pouvoir que sur les parties d'un domaine circonscrit, hors duquel elle ne fait et ne peut rien, et qu'ils ne sauront point en outre que tout phénomène que nous pouvons observer est nécessairement assujetti à ses lois. Mais ceux qui reconnaissent que, quelque grands et nombreux que soient les moyens de la nature, pour ses opérations, elle n'en saurait employer que de physiques, que de conformes à ses lois diverses; qui considèrent d'ailleurs qu'à l'égard des phénomènes dont il s'agit l'on ne connaît rien de positif, sinon d'une part l'existence d'un système nerveux très-compliqué, dont les parties s'étendent partout, et d'une autre part, l'accord parfait qui se montre entre l'intégrité de ce système d'organes et celle des phénomènes qu'on lui voit produire; ceux-là, dis-je, pourront préférer, à ce merveilleux qui n'instruit jamais, l'admission, au moins provisoire, du mécanisme clair et très-intelligible que je viens d'exposer, mécanisme qui, s'il n'est pas celui même de la nature, lui est évidemment analogue, et ne contrarie aucune de ses lois connues; ceux-là, enfin, sont trop éclairés eux-mêmes pour jamais admettre que, parmi les objets du domaine de la nature, il y ait aucune matière *sentante* par elle-même, et qu'il y en ait pareillement aucune *vivante* en soi, ou de nature plus organique que d'autres.

Citons maintenant les phénomènes qui appartiennent au *sentiment*; signalons leurs caractères, et déterminons les distinctions essentielles qui s'offrent parmi eux.

La nature de la *cause affectante*, le lieu particulier de son action, et la direction des mouvemens qu'elle excite à l'égard du fluide subtil qu'elle agite, offrant toujours deux différences déterminables, exigent que les phénomènes qui appartiennent au *sentiment* soient distingués en deux sortes principales, savoir :

1°. Les phénomènes de la *sensation*;

2°. Ceux que produit le *sentiment intérieur*.

Ces deux sortes de phénomènes sont extrêmement différentes dans leurs causes, dans le lieu d'action de chacune d'elles, en un mot, dans les faits particuliers et constatés par l'observation que ces causes produisent. Avant néanmoins de développer séparément chacune de ces deux sortes de phénomènes, exposons ici le tableau analytique des faits observés qui en dépendent, faits qui constituent autant de phénomènes particuliers dont la distinction est importante.

ANALYSE

Des phénomènes qui appartiennent au SENTIMENT.

(1) La Sensation.

(a) La sensation permanente, source du *sentiment d'existence.*

(b) La sensation circonstancielle.

(2) Le Sentiment intérieur.

* Considéré dans ses sources d'actions.

(a) Le besoin senti.

(b) L'émotion qui en résulte.

(c) La force d'agir que l'émotion a le pouvoir de faire naître et de donner.

** Considéré dans les causes qui dirigent les actions.

(d) Les penchans naturels, d'où naissent les *passions.*

(e) Les penchans factices, qui constituent les *sentimens individuels.*

Ce tableau concis suffira pour me faire entendre, et pour montrer non-seulement la dépendance des faits des deux principales causes physiques que j'ai distinguées, mais, en outre, la source et les caractères particuliers de chaque phénomène cité.

Maintenant reprenons le développement rapide des faits qui appartiennent au *sentiment*, et commençons par ceux qui résultent de la *sensation*.

PREMIÈRE SECTION.

De la sensation.

Je nomme ainsi, parmi les phénomènes qui appartiennent au sentiment, ceux dont la *cause affectante* agit uniquement sur l'extrémité des nerfs qu'elle affecte ; y provoque, dans le fluide subtil qu'ils contiennent, des mouvemens qui se propagent de cette extrémité jusqu'au foyer commun du système dont ces nerfs font partie ; et excite, dans la masse du même fluide que contient ce foyer, une agitation qui s'étend aussitôt, par la voie des autres nerfs, dans tous les points du corps, à l'exception de celui qui fut d'abord affecté, agitation qui, par une répercussion subite de tous ces points, est rapportée au foyer commun, et de là ramène l'impression qui en résulte à l'extrémité même du nerf qui fut primairement affecté. Pour l'individu en qui a lieu l'exécution de cette fonction des nerfs de la *sensation*, la durée de cette exécution paraît nulle, et s'opère, en effet, dans un instant qui lui semble indivisible.

On sent, d'après cela, que les nerfs primairement affectés, étant les seuls qui ne reçoivent pas l'émission de l'agitation que le foyer fait parvenir aux autres, sont aussi les seuls qui soient propres alors à recevoir le produit de l'agitation première. C'est donc toujours à l'extrémité affectée des nerfs que le phénomène de la *sensation* se fait ressentir à l'individu. Quelquefois même il arrive qu'il croit l'éprouver dans une partie de son corps qu'il n'a plus, parce que les nerfs qui arrivaient à cette partie ont été affectés à l'extrémité qui se trouve dans la portion qu'il en conserve. Ce fait est bien connu.

Le système d'organes qui nous donne la faculté d'éprouver des sensations, de quelque sorte qu'elles soient, est l'un des plus importans pour nous, celui même dont la connaissance doit le plus nous intéresser; car, sans lui, nous serions absolument sans idées et par suite dépourvus de toute espèce de connaissances. C'est, en effet, par lui seul que nous avons la faculté d'observer ce qui est hors de nous, comme ce qui est en nous-mêmes; et quelque intéressant que soit pour nous le système d'organes qui nous donne des facultés d'intelligence, celui-ci néanmoins n'est réellement que secondaire, puisqu'il est assujetti à la préexistence du système des sensations. Que pourrait-il être effectivement sans l'observation qui nous fait acquérir des idées !

On distingue la *sensation* en cinq sortes diverses : quatre d'entre elles sont très-particulières et la cinquième seule est générale. Examinons rapidement les premières.

CHAPITRE PREMIER.

Des sensations particulières.

Les *sensations* dont il s'agit ici sont particulières en ce qu'elles ne sauraient s'exécuter qu'en certains lieux déterminés du corps et jamais ailleurs. Elles sont donc en cela très-différentes de la sensation générale qui n'offre, soit à l'intérieur, soit à l'extérieur, aucun lieu d'exception pour s'exécuter. Ces sensations sont de quatre sortes qui se partagent sous deux modes de formation. Les deux premières ne s'effectuent qu'à la suite d'une opération chimique; tandis que dans les deux autres, il ne se fait, au contraire, aucune opération de ce genre; mais celles-ci ont le pouvoir de donner à l'individu la perception des objets qui sont loin de lui. On voit donc que les quatre sortes de sensations dont il s'agit sont réellement particulières, puisqu'elles ne s'exécutent qu'en certains lieux du corps, et qu'elles sont distinguées entre elles par deux modes d'agir fort différens, les unes ne s'effectuant qu'à la suite d'opérations chimiques, ce qui n'a nullement lieu à l'égard des autres.

Relativement aux sensations particulières qui ne s'exécutent que par des voies chimiques, il faut considérer celles qui affectent le sens du *goût*, et celles qui s'exercent sur le sens de l'*odorat*. De part et d'autre, il faut que l'organe soit humide à sa surface, afin que la sensation puisse s'opérer; autrement elle serait nulle. En effet, les matières, soit savoureuses, soit odorantes, qui sont mises en contact avec l'organe, le trouvant humecté à sa surface, y subissent alors un changement dans leur nature; et donnent lieu aussitôt à la sensation du goût, si elles sont savoureuses, ou à celle de l'odorat, si elles sont odorantes.

Quant aux sensations particulières qui ne s'effectuent point par des voies chimiques, il y en a pareillement de deux sortes fort remarquables et très-différentes; or, celles-ci ont le pouvoir de donner à l'individu la perception des objets qui sont loin de lui. Les sensations constituées par les objets qui affectent l'organe de la vue, et celles qui s'exécutent sur l'organe de l'ouïe, sont les deux sortes particulières qui nous restent à mentionner. Puisque ces deux sortes de sensations nous donnent jusqu'à un certain point la connaissance d'objets éloignés de nous, il est évident que nous ne pouvons nous en procurer la perception qu'à l'aide de matières intermédiaires qui nous en transmettent l'impression. Ainsi, pour que la sensation des objets éloignés puisse s'effectuer sur l'organe de la vue, il faut que la lumière, comme matière intermédiaire, vienne opérer cette sensation sur l'organe en question ; et ici, il n'y a nul doute sur la nature de la matière qui opère réellement cet effet.

Il n'en est pas de même de la matière intermédiaire qui vient transmettre à l'organe de l'ouïe les impressions que les sons et les bruits lui font éprouver. Tous les physiciens généralement sont persuadés que l'air atmosphérique constitue seul cette matière. Quant à nous, fondé sur de nombreuses observations constatées, nous persistons dans une opinion tout-à-fait contraire. Les principales de ces observations sont consignées dans nos ouvrages, et depuis nous en avons recueilli quelques autres qui concourent encore à confirmer notre sentiment. Ici nous dirons seulement que l'air atmosphérique est un fluide trop grossier, trop mou, trop peu pénétrant, pour pouvoir transmettre jusqu'à notre organe, souvent à de grandes distances, à travers des corps denses et même des masses très-hétérogènes, la sensation des sons ou des bruits. Quelle que soit la matière qui, par sa subtilité et son extrême élasticité, peut apporter à notre organe les modifications délicates des sons et les bruits divers, cette matière, répandue en abondance dans le globe terrestre, ainsi que dans l'air atmosphérique, donne lieu aux effets considérés, ce qui a pu faire penser que c'était l'air lui-même qui les produisait.

Nous venons de traiter succinctement des quatre sortes de sensations particulières, de celles surtout qui nous sont d'un si grand secours dans l'observation. Maintenant nous allons dire un mot de la sensation générale qui achève de compléter nos moyens.

CHAPITRE II.

De la sensation générale.

LA *sensation* dont il s'agit actuellement n'est plus bornée à ne s'effectuer qu'en certains lieux déterminés du corps, comme celles dont il a été fait mention ci-dessus; celle-ci, au contraire, peut s'exécuter par tout, tant au dehors de l'individu que dans son intérieur; tous les points de son corps en sont presque également susceptibles, sauf les parties dures de son squelette, s'il en possède. C'est sous ce rapport que je donne à cette sensation le nom de *générale*. Comme les autres, elle s'exécute à l'extrémité des nerfs, et c'est aussi à cette extrémité qu'est rapporté le produit de la *cause affectante*. Elle ne nous donne jamais la perception des objets éloignés, et n'est pas essentiellement la suite d'un changement chimique dans les matières qui nous affectent.

Ainsi, à l'égard de toute sensation quelconque, c'est à l'extrémité des nerfs que la *cause affectante* agit; et c'est aussi à cette extrémité que les agitations qu'elle a produites, et qui se sont étendues dans tous les points du corps, sont rapportées pour y effectuer la *sensation*.

Nous avons dit que tout ce qui tend à désunir, écarter ou séparer les parties cohérentes du corps d'un individu sensible, lui faisait éprouver la sensation. Or, deux causes assez distinctes paraissent propres à produire cet effet : tantôt c'est un corps physique connu ou déterminable qui, en contact avec un ou plusieurs points des parties de l'être sensible dont il s'agit, cause une pression qui écarte les points cohérens, ou pénètre lui-même entre ces points, excitant leur séparation ; et tantôt c'est une cause de dilatation, et par suite de tiraillement, qui tend à écarter, rompre et séparer les parties. De part et d'autre, ces deux causes, à l'aide de l'*irritabilité* qui existe dans tous les points des parties sensibles, excitent à l'extrémité des nerfs les agitations citées, et donnent lieu à la sensation dont je viens d'exposer la théorie la plus probable.

Relativement à l'intensité de la *cause affectante*, l'individu peut ressentir la *sensation* dans une multitude de degrés différens, mais nuancés depuis le plus faible ou le plus obscur, jusqu'à celui qui est le plus éminent et qui cause une douleur extrême.

A ce sujet, que de citations ne pourrai-je pas faire ! quelle extension ne pourrai-je pas donner aux développemens des faits qui nous montrent que la sensation qui, dans ses degrés inférieurs, peut nous être agréable, et nous procurer ce que nous nommons *plaisir*, peut aussi, à mesure qu'elle acquiert de la véhémence, produire en nous un mal-être, nous causer de la douleur, enfin, nous en faire ressentir d'une violence presque insupportable ! Cette vue, fertile en considérations curieuses, intéressantes, importantes même, à l'égard de l'extrême voisinage du plaisir physique au mal-être, et quelquefois à la douleur, vue sur laquelle on peut présenter tant de réflexions utiles, n'est point ici mon objet : ainsi je reviens à mon analyse succincte des phénomènes de la *sensation générale*.

Sous le rapport de la continuité d'exécution de ces phénomènes, pendant le cours entier de la vie de l'individu, et sous celui de leur exécution momentanée et circonstancielle, je les distingue en deux sortes, savoir :

1°. La sensation permanente;

2°. La sensation circonstancielle.

L'une et l'autre paraissent être des phénomènes de même nature ; mais la première donnant lieu au fait si particulier et si intéressant à considérer, que constitue notre *sentiment d'existence*, je dois faire remarquer les particularités qui la distinguent.

Sensation permanente : je nomme ainsi celle qui s'exécute dans tous les points sensibles du corps, et en général sans discontinuité, pendant le cours entier de la vie de l'individu. Elle résulte des mouvemens vitaux, des déplacemens des fluides, des frottemens qu'ils exécutent dans ces déplacemens, frottemens qui sont les suites de contacts et par conséquent de causes affectantes, et qui même produisent un bruit particulier que nous distinguons fort bien dans la tête, surtout lorsque nous sommes malades. Ces causes affectantes, quoique extrêmement faibles, étant infiniment multipliées, produisent à l'extrémité des nerfs qui se rendent à tous les points sensibles du corps, une légère agitation dans le fluide subtil qu'ils contiennent, laquelle vient aboutir de toutes parts à celui que renferme le foyer commun, et y occasionne une sorte de frémissement sans interruption. C'est probablement à cette cause physique qu'est dû ce sentiment intime d'existence que nous éprouvons, quelque obscur qu'il soit.

Quoique cette sorte de sensation soit à peu près générale, sa continuité d'une part, et son faible degré de l'autre, font que nous ne saurions la remarquer. Nous la ressentons néanmoins, quoique nous ne la distinguions point; et son résultat pour nous est de nous donner le *sentiment* ou autrement la *conscience* de notre existence. C'est donc un fait positif que le sentiment d'existence de tout être qui en est doué prend sa source dans la sensation modifiée par sa permanence.

Dans les léthargies, et dans les engourdissemens que certains animaux subissent, la sensation vitale doit être en grande partie interrompue, et alors, probablement, le sentiment dont il est question se trouve suspendu.

Sensation circonstancielle : c'est celle qui n'a point de continuité qui soit constamment conforme à la durée et à l'intensité des mouvemens de la vie, qui ne s'exécute qu'accidentellement, et conséquemment qu'à raison des circonstances qui donnent lieu à l'action d'une *cause affectante* quelconque.

Les sensations de cette sorte sont assez connues, chacun, dans le cours de la vie, se trouvant dans le cas d'en éprouver diversement. On en peut ressentir de tout degré, depuis le plus faible, ou dont l'impression est le moins perceptible, jusqu'à celui qui cause la plus vive douleur. Il y en a parmi elles qui nous plaisent, nous sont agréables, et souvent même qui nous servent, en excitant temporairement certaines de nos fonctions organiques, pourvu qu'elles soient retenues dans des limites au-delà desquelles elles ne pourraient que nous nuire; d'autres nous affectent d'une manière contraire; enfin, d'autres encore causent nos maux physiques, nos souffrances de tout degré.

Les *causes affectantes* qui occasionnent ces sensations sont d'une diversité presque infinie, et néanmoins la plupart sont déterminables; aucune même n'est essentiellement hors de la portée des connaissances que nous pouvons acquérir, tout ce qui est physique étant réellement dans ce cas. Selon les circonstances qui les amènent, ces causes agissent sur nous, les unes du dehors sur les parties externes de notre corps, et ce sont toutes les sortes d'agens extérieurs qui peuvent nous affecter circonstanciellement; les autres, au contraire, sur nos organes internes, et leur véhémence, ainsi que leur diversité de tous les genres et de tous les degrés, peuvent causer les maux qui accompagnent les incommodités et les maladies nombreuses auxquelles nous sommes exposés.

Ces généralités suffisent : entrer dans des détails sur les *sensations circonstancielles* serait superflu et fort inutile ; passons à l'examen d'une autre sorte de phénomènes.

SECTION II.

Du Sentiment intérieur et de ses principaux produits.

Le *sentiment intérieur* est l'objet le plus important à considérer dans l'étude des produits de l'organisation de l'homme, ainsi que de celle des animaux qui sont doués de la faculté de sentir. Il est le mobile de toutes les actions de l'individu, dirige tous les mouvemens qui sont à sa disposition, et si cet individu possède l'organe de l'intelligence, c'est encore lui seul qui en dirige les actes. Ce sentiment est donc le propre de tout être qui a la faculté de sentir, et conséquemment celui de l'homme et des animaux qui jouissent de la faculté déjà citée : voyons en quoi il consiste :

Il s'agit ici d'un sentiment interne, fort obscur, qui donne à l'individu la *conscience* de son être; ou autrement, d'un sentiment intime et continuel dont il ne se rend pas compte, parce qu'il l'éprouve sans le remarquer, et qui est général, toutes les parties sensibles du corps y participant. Il constitue ce *moi* dont tous ceux des animaux qui ne sont que sensibles sont pénétrés sans s'en apercevoir, mais que ceux qui possèdent l'organe de l'intelligence peuvent remarquer, ayant la faculté de penser et d'y donner de l'attention. Enfin, il constitue aussi, chez les uns et les autres, une puissance que les besoins savent émouvoir, qui n'agit effectivement que par émotion, et de laquelle les mouvemens et les actions reçoivent la force qui les produit.

Le sentiment dont il est question, étant un produit organique, se forme dans un foyer particulier qui nous paraît résider dans le point de réunion des nerfs, et spécialement de ceux qui constituent les sens; et comme les nerfs qui partent de ce foyer s'étendent dans tous les points du corps, les émotions qui agitent le fluide nerveux du foyer peuvent propager cette agitation, soit dans les nerfs qui vont se distribuer aux différentes parties, soit dans ceux d'entre eux qui doivent exciter quelque action particulière.

On sait que le système nerveux se compose de différens organes qui tous communiquent ensemble; conséquemment, toutes les portions du fluide subtil contenu dans les différentes parties de ce système communiquent aussi entre elles, au moins par la voie du centre de rapport ou foyer commun, et par suite sont susceptibles d'éprouver un *ébranlement général*, lorsque certaines causes, capables d'exciter cet ébranlement, viennent à agir sur ce foyer.

Laissant à l'écart les divers mouvemens du fluide nerveux qui ne dépendent point de la volonté, ni de l'instinct, et qui ne cessent totalement qu'avec la vie, nous ne considérerons que ceux qui sont accidentels. Or, ceux-ci sont nécessairement de deux sortes essentielles, au moins par la nature du lieu où leur cause provocatrice agit. En effet, ceux de ces mouvemens qui sont provoqués par des impressions qui s'exécutent à l'extrémité des nerfs, et qui de là se propagent jusqu'au foyer commun, appartiennent au système particulier des *sensations* dont nous avons traité ci-dessus; ceux, au contraire, qui résultent d'une impression quelconque faite immédiatement au foyer commun, dépendent du *sentiment intérieur*, et c'est de ces derniers qu'il est question maintenant.

Nous avons déjà dit que le sentiment dont il est question ne pouvait être ému que par un besoin ressenti. Or, la cause qui amène ce besoin prend sa source, tantôt dans l'instinct, tantôt dans les actes de la volonté : de part et d'autre, c'est toujours un besoin qui en résulte, qui se fait ressentir, et qui émeut le sentiment intérieur. L'émotion de celui-ci est variée selon la nature du besoin ressenti, devient aussitôt le mobile de l'action à exécuter pour y satisfaire, et, dès l'instant même, les muscles qui doivent produire cette action reçoivent l'excitation propre à les mettre en mouvement. Ainsi toute détermination d'action, soit celle que peut amener l'instinct, soit celle qui peut résulter d'un acte de volonté, est aussitôt transformée en besoin ; et dès-lors celui-ci constitue une puissance qui, dans l'instant, émeut le sentiment intérieur et lui fait produire l'action. Nous concluons de ces considérations que ce sentiment est réellement le seul moteur de toute action que l'homme et les animaux sensibles exécutent, de quelque part que leur parviennent les besoins qui les font agir.

Nous avons dit que le sentiment intérieur dirigeait tous les actes de l'intelligence ; d'où il suit que, sans cette direction, les uns ne sauraient s'exécuter, tandis que les autres ne pourraient avoir lieu qu'avec désordre ou dans une sorte de renversement.

En effet, d'une part, pendant le sommeil, le sentiment intérieur est sans action : or, si, dans cette circonstance, le fluide nerveux éprouve dans l'organe de l'intelligence une agitation quelconque, plusieurs des idées acquises peuvent être rendues présentes à l'esprit, mais en désordre, ou dans des suites qui sont en quelque sorte renversées, ce qui s'observe dans les songes; de l'autre part, un état maladif interrompant la direction que le sentiment intérieur peut donner aux opérations de l'esprit, les idées alors ne s'y présentent tantôt qu'incomplètement, certaines d'entre elles étant toujours dominantes, tantôt qu'avec un désordre notable, et tantôt que dans un ordre singulièrement renversé. Les délires passagers qu'occasionnent certaines fièvres, le désordre dans les idées, et même les renversemens dans les pensées, qui sont les suites de certaines affections chroniques qui affligent trop souvent l'humanité, attestent l'interruption plus ou moins complète de la direction que le sentiment intérieur donne, dans l'état sain, aux pensées de l'individu.

Les idées acquises, ainsi que nous l'avons fait voir dans nos ouvrages, étant rangées méthodiquement dans l'organe qui les a reçues, et y étant en quelque sorte placées par catégories dans des compartimens divers, il arrive quelquefois que le sentiment intérieur ne saurait diriger celles de tel compartiment, tandis qu'il le fait aisément à l'égard des autres. Dans ce cas, l'individu déraisonne sur le sujet particulier de ce compartiment, tandis qu'ailleurs, il offre constamment le degré de raison qui est relatif à l'état de ses lumières. *Voyez*, pour divers développemens ultérieurs, l'article *sentiment intérieur* dans notre philosophie zoologique, vol. 2, p. 276.

Pour que l'on puisse saisir plus aisément nos observations à l'égard de ce sentiment, il convient de considérer maintenant certains des phénomènes qu'il produit. Très-différens, en effet, de ceux de la sensation, par leur nature, leur mode d'exécution et leurs résultats, ces phénomènes, bien plus puissans que ces derniers sur l'organisation et sur la vie même, sont néanmoins si obscurs que ceux qui en éprouvent les impressions ne les remarquent point; et, quoique l'homme en soit presque continuellement agité, il lui a fallu leur donner bien de l'attention pour parvenir à les apercevoir, à les distinguer, et à reconnaître que ce sont eux qui lui font exécuter ses actions diverses.

Résultant, comme ceux de la sensation, d'une *cause affectante* qui excite des mouvemens; d'une agitation propagée dans tous les points du corps, agitation qui fait participer l'être entier aux impressions qu'elle produit; et d'une réaction qui ramène tous les mouvemens en un lieu particulier, ces phénomènes cependant proviennent d'un ordre de choses, ainsi qu'on l'a vu ci-dessus, tout-à-fait opposé à celui qui donne lieu aux sensations. Ici, effectivement, la *cause affectante* agit immédiatement et uniquement sur le foyer commun du système nerveux, et jamais sur l'extrémité des nerfs qui vont s'y rendre; ici, encore, les réactions de tous les points rapportent instantanément et simultanément au même foyer tous les mouvemens excités; cet ordre de choses est donc inverse de celui qui produit la sensation. Enfin, pour cette dernière, la cause affectante est bien reconnue : son action est celle d'un corps physique qui, en contact avec des parties de l'organisation, ou parvenant à les pénétrer, tend à les écarter, à les séparer, ou c'est une cause de tiraillement qui a la même tendance; ici, au contraire, la cause affectante est positivement assignée; on peut être assuré qu'elle est physique, et cependant son mode d'action n'est encore que présumé.

Bien différent du sentiment d'existence, on ne saurait remarquer le *sentiment intérieur* qu'aux époques de ses actes, c'est-à-dire, que par un contraste entre les paroxismes des phénomènes intérieurs et très-obscurs qu'il produit, et leurs intervalles. Malgré l'obscurité de ces mêmes phénomènes, ils ont une grande puissance sur l'organisation ; et, quoique bien moins distincts que la plupart des sensations, quelquefois leur véhémence peut compromettre la vie, ce que les plus violentes douleurs ne sauraient faire, tant qu'elles ne sont pas la suite de déchiremens, de destructions d'organes; enfin, c'est parmi ces phénomènes qu'il faut compter celui qui donne aux êtres sensibles la *force* d'*agir*.

Pour éclaircir ce sujet intéressant, examinons, parmi les phénomènes que produit le *sentiment intérieur*, ceux qui sont la source des actions de l'individu. J'en reconnais trois qui sont bien distincts, et qui, successivement produits, sont nécessaires pour amener l'exécution de toute action quelconque. Ces trois phénomènes sont le *besoin senti*, l'*émotion*, la *force* d'*agir*.

Le besoin senti : s'il pouvait exister un besoin pour un autre être que pour celui qui est sensible, ce besoin serait un objet métaphysique, et par conséquent sans pouvoir (1); mais il n'y

(1) On sent qu'il ne s'agit ici que des besoins qui concernent des objets individuels; car il y a des objets collectifs qui éprouvent des besoins réels; et ceux-ci ne sont pas physiques.

a de besoin réel que pour un être sensible ; et, dès qu'il en existe un, il est alors senti. Or, tout *besoin senti* excite à l'instant même, dans le sentiment intérieur, une *émotion* qui est proportionnelle à son intensité. Ce fait est constaté et très-connu par l'observation des grandes émotions que font éprouver subitement les plus grands besoins, surtout les plus pressans. Il y a aussi, comme nous allons voir, et surtout dans l'homme, des pensées *affectantes* qui tantôt constituent le besoin d'agir, tantôt exigent que l'on suspende des actions ou qu'on en change, et tantôt encore ne produisent qu'un trouble sans besoin senti d'agir. Il n'est pas nécessaire que je dise qu'à l'égard des besoins sentis, l'homme peut en éprouver de tous les degrés de véhémence.

Quant aux êtres qui sont à la fois sensibles et intelligens, dans quelque degré que ce soit, les *besoins* qui les affectent ont deux voies très-différentes pour leur parvenir. Tantôt les causes qui y donnent lieu émeuvent immédiatement le sentiment intérieur, et la suite de cette émotion amène l'action propre à satisfaire au besoin ; tantôt, au contraire, les causes productrices du besoin résultent d'un ou de plusieurs actes d'intelligence qui peuvent amener la détermination ou la *volonté* d'*agir*. Dès-lors, cette volonté est changée en *besoin* qui se transmet aussitôt du foyer de l'esprit à celui du sentiment intérieur et qui l'émeut : or, cette émotion amène l'action déterminée par la volonté.

Dans le premier cas, le sentiment intérieur, ému directement par les causes qui constituent le besoin senti, produit nécessairement, et sans erreur, l'action qui peut y satisfaire : c'est là le propre de l'*instinct.*

Tout est contraire dans le second cas : le besoin, déterminé par la volonté d'agir, résulte toujours d'un jugement, est fixé ou en quelque sorte arrêté avant de parvenir au sentiment intérieur, et n'est senti qu'à l'instant même où il l'émeut; or, comme en général tout jugement est fort exposé à l'erreur, ce que nous montrerons, il s'ensuit que les actes de volonté qui en résultent amènent trop souvent des actions erronées, c'est-à-dire, contraires au véritable intérêt de l'individu.

On sent qu'à l'égard des êtres qui ne sont que sensibles, tout besoin quelconque est instinctif; les causes de ce dernier affectent toujours immédiatement le sentiment intérieur, ce qui fait que l'action qu'il exige n'est jamais erronée.

L'émotion : phénomène du sentiment intérieur de tout être sensible, intelligent ou non, lequel s'exécute à la provocation d'un besoin senti, ou d'une cause qui affecte le sentiment. Il nous paraît consister en un ébranlement subit, excité au foyer même du système sensitif; ébranlement qui s'étend aussitôt, par la voie des nerfs du système, à tous les points du corps où ces nerfs aboutissent, et qui, par une réaction toute aussi prompte, est de toutes parts rapporté au même foyer, où il constitue alors, soit un trouble sans besoin d'action subséquente, soit une force disponible que le sentiment intérieur emploie et dirige.

Le phénomène dont il s'agit est généralement connu, ou du moins a été senti et remarqué, à peu près de tout temps, par presque tout le monde. Il n'est personne, effectivement, qui ne sache qu'à la rencontre inopinée d'un monstre, d'un animal féroce ou menaçant; qu'à l'aspect inattendu d'un précipice; qu'au bruit subit d'une grande explosion; en un mot, qu'à la réception d'une nouvelle désolante, on ressent aussitôt un trouble intérieur général, très-difficile à maîtriser, qui ôte quelquefois l'usage des sens, et peut être même dangereux pour la vie. On a donné à ce trouble intérieur le nom d'*émotion*, parce qu'il nous émeut réellement; et, quoique ce ne soient guère que les grandes émotions qui aient été remarquées, nous en éprouvons de tous les degrés, selon l'intensité des besoins ou au moins des causes qui nous affectent. Toute *émotion*, grande ou petite, amène toujours, comme je l'ai dit, soit un trouble sans suite active, soit une force disponible que le sentiment intérieur emploie et dirige. Or, quoique le système sensitif soit très-particulier, comme il communique avec les autres systèmes nerveux, par la voie du foyer commun, le sentiment intérieur emploie la force disponible, que ses élans ont pu produire à la suite de son émotion, et la dirige, dans le système nerveux du mouvement, sur les nerfs excitateurs des muscles qui doivent agir. Telle est la voie physique par laquelle toutes les actions des êtres sensibles, et de ceux qui sont en même temps intelligens, sont exécutées.

Sans doute, c'est le sentiment intérieur seul qui, après avoir été affecté, amène, par ses élans, l'exécution de toutes les actions; mais, ayant remarqué que les grandes émotions connues précèdent toujours les actions que des besoins pressans exigent, j'ai senti que la force qui donne lieu à l'exécution d'une action quelconque, devait prendre sa source dans le produit d'une *émotion* du sentiment intérieur.

Ainsi tout besoin senti amène toujours une *émotion* dans le sentiment intérieur de l'individu; et toutes les fois que ce besoin entraîne une nécessité d'agir, l'émotion qu'en éprouve le sentiment en question lui procure constamment une force suffisante pour l'action à exécuter.

La force d'agir : Déterminer la source où les animaux qui exécutent des actions puisent leur *force d'agir*, ce serait assurément donner la solution d'un des plus intéressans problèmes de la zoologie.

J'ai dit que les mouvemens des animaux ne s'opèrent que par *excitation*, ne sont jamais communiqués, et que ces êtres sont les seuls dans la nature qui soient dans ce cas (*Hist. nat. des anim. sans vert.*, vol. 1, pag. 116). S'il est vrai que l'on ne connaisse point une seule exception à cet égard, c'est donc un fait constant, que tout mouvement animal est le produit d'une *cause excitante* qui ne communique pas à l'individu, ou qui ne partage pas avec lui un mouvement qu'elle eut elle-même, mais qui en amène un qu'elle ne possédait nullement.

Pour l'étendue entière du règne animal, où les êtres qui y appartiennent sont si variés dans l'état et la composition de leur organisation, ainsi que dans leurs moyens, on doit sentir que la cause excitatrice des mouvemens ne saurait être partout de même nature.

A l'égard des *animaux apathiques*, qui ne sauraient ressentir aucun besoin, c'est dans les agens extérieurs qui les affectent qu'il faut rechercher la *cause excitante* de leurs mouvemens divers; et ce sont ces agens nombreux qui leur fournissent, en effet, la *force d'agir*. Il n'en est pas de même des animaux qui jouissent de la faculté de *sentir*. Ceux-ci, doués du sentiment intérieur, peuvent éprouver, ressentir des besoins : or, pour ces animaux et pour l'homme même, chaque besoin senti constitue la cause excitante des mouvemens et des actions. Cette cause, effectivement, émeut le sentiment intérieur, provoque un ébranlement au foyer du système sensitif, et le résultat de cette émotion amène la *force d'agir*.

Nous venons de voir que la cause excitatrice de toute action se trouve toujours dans un besoin senti, et que l'émotion que ce besoin produit dans le sentiment intérieur amène constamment la force d'agir. Il n'est plus question maintenant que d'examiner ce qui concerne la direction des actions, soit la cause unique qui peut opérer cette direction, soit les causes particulières qui ont le pouvoir de la faire varier.

C'est toujours, avons-nous dit, le sentiment intérieur qui fait exécuter les actions de l'homme et des animaux sensibles, et c'est aussi toujours à la suite d'un besoin senti que ces actions sont exécutées. Or, il importe de considérer que ce sentiment intérieur a reçu de la nature des penchans qu'il emploie constamment dans la direction des actions qu'il exécute, tant que des causes hors de lui ne le contraignent point de changer cette direction. Examinons quels sont ces penchans.

CHAPITRE PREMIER.

Des penchans naturels.

Il s'agit ici d'un sujet très-important à considérer, et qui seul peut nous éclairer sur la véritable source des actions de l'homme. Les *penchans* que celui-ci tient de la nature, et qui sont des produits constans de son sentiment intérieur, constituent ce sujet. Elle lui donne, en effet, par cette voie, des penchans généraux et d'autres plus particuliers. Il ne saurait entièrement surmonter les premiers; mais, à l'aide de sa raison et de son intérêt bien senti, il peut, soit modifier, soit diriger convenablement les autres. Enfin, ceux de ses penchans auxquels il se laisse aller entièrement, se changent alors en *passions* qui le subjuguent, et qui dirigent malgré lui toutes ses actions.

Chacun des penchans dont il est question est une *tendance* constante du sentiment intérieur de l'individu vers un but particulier; tendance qui se manifeste toujours lorsque ce sentiment a

quelque action à exécuter, et que les circonstances dans lesquelles le même individu se rencontre favorisent son développement. Il en résulte que, dans toutes les actions que l'homme est dans le cas d'exécuter, les influences que ses penchans exercent sur elles, quoique plus ou moins modifiées par sa raison, sont toujours néanmoins très-reconnaissables. Sans doute, ces mêmes penchans ne se développent qu'à mesure que les circonstances les favorisent; et, dans ce cas, on en observe constamment les effets. Il importe donc de les connaître, puisqu'ils ont tant d'influence sur les actions humaines.

A mesure que l'homme s'est répandu dans les différentes contrées du globe, qu'il s'y est multiplié, qu'il s'est établi en société avec ses semblables, enfin, qu'il a fait des progrès en civilisation, ses jouissances, ses desirs, et par suite ses besoins, s'accrurent et se multiplièrent singulièrement; ses rapports avec la société dont il faisait partie, varièrent en outre et compliquèrent considérablement ses intérêts individuels. Alors, les *penchans* qu'il tient de la nature, se sous-divisant de plus en plus comme ses nouveaux besoins, parvinrent à former en lui, et à son insu, une masse énorme de liens qui le maîtrisent presque partout, sans qu'il s'en aperçoive.

Il est facile de concevoir que ces penchans particuliers et ces intérêts individuels si variés, devant toujours céder à l'intérêt de la société, avec lequel ils sont souvent en opposition, de même qu'ils le sont aussi presque toujours entre eux, il en résulte nécessairement un conflit de puissances contraires, auquel les lois, les devoirs de tout genre, les convenances établies par l'opinion régnante, et la morale même, opposent une digue trop souvent insuffisante.

Sans doute, l'homme naît sans idées, sans lumières, ne possédant alors qu'un sentiment intérieur et des penchans généraux qui tendent machinalement à s'exercer. Ce n'est qu'avec le temps et par l'éducation, l'expérience, et les circonstances dans lesquelles il se rencontre, qu'il acquiert des idées et des connaissances, parce qu'il a, dès l'origine, des organes tout préparés pour les lui procurer.

Or, par leur situation et la condition où ils se trouvent dans la société, les hommes n'acquérant des idées et des lumières que très-inégalement, l'on sent que celui d'entre eux qui parvient à en avoir davantage en obtient des moyens pour dominer les autres; et l'on sait qu'il ne manque jamais de le faire.

En effet, parmi les hommes qui ont acquis

beaucoup d'idées et qui ont beaucoup fréquenté la société de leurs semblables, le conflit d'intérêt dont j'ai parlé tout-à-l'heure, fait faire à un grand nombre d'entre eux des efforts continuels pour contraindre leur sentiment intérieur, pour en cacher les impressions, et finit par leur donner le pouvoir et l'habitude de le maîtriser. L'on conçoit, dès-lors, combien ils l'emportent en moyens de domination et de succès, dans leurs entreprises à cet égard, sur ceux qui ont conservé plus de candeur. Aussi, pour ceux qui savent étudier l'homme, il est curieux d'observer la diversité des masques sous lesquels se déguise l'intérêt personnel des individus, selon leur état, leur rang, leur pouvoir, etc.

Tel est le sommaire resserré des causes générales qui ont amené l'homme civilisé à l'état où nous le voyons maintenant en Europe ; état où, malgré les lumières acquises et même par elles, le plus faible en moyens se trouve toujours victime ou dupe de celui qui en possède davantage ; état, enfin, qui asservit toujours l'immense multitude à la domination d'une minorité puissante.

Dans cet état de choses, une seule voie peut nous aider à tirer de notre situation particulière le parti le plus avantageux pour nous ; c'est, selon moi, la suivante : nous étant fait, d'après

14

la raison, la justice et la morale, un certain nombre de principes dont nous ne devons jamais dévier, il faut ensuite nous efforcer de reconnaître les *penchans* que l'homme a reçus de la nature, et étudier leurs différens produits, dans les individus de son espèce, selon les circonstances où chacun d'eux se trouve. Cette connaissance nous sera d'une grande utilité dans nos relations avec eux.

Ainsi, pour diriger notre conduite, avec le moins de désavantage pour nous, à l'égard des hommes avec qui nous sommes forcés de vivre ou d'avoir des rapports, nous nous trouverons obligés de les étudier, de remonter, autant qu'il est possible, à la source de leurs actions, et de tâcher de reconnaître la nature de celles qu'ils doivent exécuter, selon leur âge, leur sexe, leur situation, leur état, leur fortune, leur rang, leur pouvoir, et surtout selon ceux de leurs penchans naturels qui ont pu se développer dans ces circonstances; nous devrons même considérer qu'à mesure qu'ils changent d'âge, de situation, d'état, de fortune ou de pouvoir, ils changent aussi constamment dans leur manière de sentir, d'envisager les objets, de juger les choses, et qu'il en résulte toujours pour eux des influences proportionnelles qui *régissent* leurs actions.

Mais, dans cette étude si difficile, comment parvenir à notre but, si nous ne connaissons point la part considérable qu'ont, sur toutes les actions de l'homme, les *penchans* que la nature lui a donnés !

C'est parce que cette connaissance essentielle m'a paru beaucoup trop négligée, que je vais essayer d'en esquisser les bases d'une manière extrêmement succincte. D'ailleurs, les objets que je vais considérer ayant été envisagés jusqu'à présent comme formant l'unique domaine du *moraliste*, la part évidente qui, à l'égard de ces objets, appartient au *naturaliste*, ne fut point reconnue ; elle est cependant la principale, l'essentielle même. Or, c'est cette part seule que je revendique, et qui m'autorise à présenter les bases suivantes de l'*analyse* à faire des *penchans* de l'homme, et de leurs développemens dans l'état de civilisation.

Dès qu'un individu sensible, l'homme conséquemment, commence à jouir du sentiment intérieur, et par suite de celui de son existence, la nature lui inspire un *amour de soi-même*, qu'il conserve toute la vie. Or, cet amour produit en lui constamment six penchans généraux qui se développent chacun à mesure que les circonstances y sont favorables; faisons-en l'exposition :

Des penchans généraux : les penchans dont il s'agit sont généraux, parce qu'on en observe constamment les influences dans toutes les actions des individus de notre espèce ; ce sont :

1°. Le penchant à la *conservation* de son être;

2°. Celui à l'*indépendance*, donnant l'amour ardent de la liberté individuelle ;

3°. Celui qui porte à se préférer en tout à tout autre, constituant l'*intérêt personnel*;

4°. Celui qui fait tendre à *dominer*, sous quelque rapport que ce soit ;

5°. Celui qui porte constamment à rechercher le *bien-être*, tant physique que moral;

6°. Enfin, celui qui inspire l'*horreur* pour l'anéantissement de son être.

Les six *penchans* que je viens d'indiquer sont les sources uniques où toutes les actions de l'homme puisent leur mobile ; et comme ces penchans lui sont donnés par la nature, qu'ils sont généraux et constans, on ne peut remonter aux causes de ses actions sans leur en attribuer la plus grande part. Quant à la direction de ces mêmes actions, tantôt elle est abandonnée au sentiment intérieur, et ce sont les penchans cités qui la régissent, tantôt elle se trouve assujettie à l'état de l'intelligence, et alors c'est partout le jugement ainsi que la volonté qui en résulte qui règlent cette direction. Mais dans l'un et l'autre cas, la grande influence de ces penchans se fait toujours reconnaître.

On sent assez qu'à part de l'influence que je viens de citer, il en résulte une autre dont la considération n'est pas moins importante. C'est celle qui provient de l'âge, du sexe, de l'état, etc., de l'individu dans la société. Ce sont là les véritables élémens qui doivent entrer dans le jugement que nous portons sur les causes qui produisent les diverses actions de l'homme. On voit donc qu'à cet égard la part du naturaliste ne laisse pas d'être considérable ; puisque, sans les bases essentielles qu'elle présente, d'après l'observation de la nature, tout ce que pourraient offrir les moralistes serait évidemment arbitraire.

Maintenant, développons successivement les divers penchans ci-dessus énoncés :

Le *penchant à la conservation de son être*, pour tout individu doué du sentiment de son existence, est une tendance continuelle de son sentiment intérieur, qui le porte à rechercher et à saisir, pendant le cours de sa vie, tout ce qui peut être favorable à sa conservation. Ce penchant est le plus puissant de tous, et à la fois le plus général et le moins susceptible de s'altérer. Il ne saurait nuire en rien par lui-même, et ne peut au contraire qu'être utile. On sent que la nature devait donner un pareil penchant à l'individu pour qu'il pût concourir lui-même à fournir la carrière comprise entre les limites de sa durée naturelle. Les autres penchans généraux semblent n'en être que des conséquences immédiates; et la nature a dû les ajouter afin qu'ils puissent eux-mêmes servir à l'effectuation des besoins que le premier penchant dont il est question fait naître.

Quant au *penchant à l'indépendance*, c'est-à-dire, à celui qui donne à l'individu un amour ardent pour sa liberté, on sent que ce penchant le mettant plus à portée de choisir tout ce qui peut faciliter sa conservation et son bien-être, la nature a dû le donner généralement à tous les êtres sensibles, et le rendre plus éminent encore dans ceux qui sont intelligens, surtout dans l'homme. Ce même penchant, dans les individus qui tiennent le pouvoir, tend sans cesse à être exclusif, parce que ces individus croient jouir d'une liberté d'autant plus grande qu'ils réussissent davantage à comprimer celle des autres. Mais, dans ceux qui sont asservis, ses produits sont tout-à-fait contraires; ces derniers, en effet, ne tendent qu'à partager et conserver entre eux la portion de liberté dont la loi ne les prive pas; ils l'accroissent même lorsqu'ils en trouvent la possibilité. Le penchant à l'indépendance est si général parmi les êtres sensibles, que tous ceux des animaux qui jouissent du sentiment conservent cette indépendance tant qu'ils le peuvent, et que, parmi ceux qui la perdent, en tombant au pouvoir de l'homme, on en voit beaucoup qui périssent de tristesse; en sorte que si l'homme réussit souvent à en conserver en captivité, c'est presque toujours parce qu'il les prend dans leur grande jeunesse. De même, s'il est parvenu à réduire certaines de leurs races à l'état de domesticité, pour son usage, c'est sans doute à l'aide de beaucoup d'art, s'étant d'abord emparé des individus dans leur jeunesse, les ayant bien traités, et peu à peu leur ayant donné l'habitude de ne vivre que par ses secours, et par là, les dispensant de pourvoir eux-mêmes sans cesse à leurs besoins.

Relativement au penchant qui porte tout être sensible à se *préférer* en tout à tout autre, il est aussi général pour ceux qui jouissent du sentiment de leur existence; et si on le considère dans l'homme, il y constitue ce qu'on nomme l'*intérêt personnel*. Ce penchant est un produit de l'amour de soi-même, et comme tout ce qu'il fait exécuter tend toujours à la conservation et au bien-être de l'individu, il exerce effectivement une influence très-marquée sur toutes ses actions.

A l'égard de l'homme, ce penchant constitue un sentiment généralement inhérent en lui, qui concourt à sa conservation en la lui faisant aimer, et qui ne saurait lui nuire par lui-même, mais seulement par ceux de ses produits que la raison n'a pas modérés. Pour commencer son analyse, il faut considérer ses résultats généraux : 1°. par le *sentiment intérieur* seul ; 2°. par le *sentiment intérieur* et la *pensée libre* ; 3°. par le *sentiment intérieur* et la *pensée réglée par la raison*.

Par le *sentiment intérieur* seul, l'intérêt personnel, selon les circonstances, donne lieu, tantôt à des mouvemens involontaires qui s'exécutent sans préméditation, tels que ces tressaillemens à un grand bruit inattendu, et ces mouvemens subits qui font fuir un danger imminent; tantôt à des faiblesses, telles que la frayeur, la pusillanimité, etc.; tantôt enfin à des affections diverses, telles que l'aversion pour tout ce qui nous nuit et nous est contraire, source de la haine, et l'affection pour tout ce qui nous sert, nous ressemble moralement, et partage nos goûts, source de l'amitié : ces divers produits sont du ressort de l'*instinct*.

Par le *sentiment intérieur* et la *pensée libre*, c'est-à-dire, la pensée que la raison ne contraint à aucune mesure, l'intérêt personnel, selon les circonstances, donne lieu, soit à deux sentimens désordonnés, tels que l'*amour-propre* illimité et l'*égoïsme*, soit à une *force d'action* sans limites.

En effet, le premier de ces sentimens nous porte à être satisfaits de nos qualités personnelles, et à nous inspirer une opinion avantageuse de notre propre mérite. Tout le monde sait que, parmi les produits de ce sentiment, il faut compter celui qui fait que nous ne sommes jamais mécontens de notre esprit, de notre jugement, de notre intelligence; que nous prétendons poser la limite des connaissances où l'on peut parvenir, d'après celle que notre degré d'intelligence et nos connaissances propres tracent pour nous; enfin, que nous ne cherchons dans les ouvrages des autres que nos opinions ou ce qui les flatte. Parmi ces produits excessifs, on sait encore qu'il faut compter aussi la vanité, l'ostentation, la suffisance, l'orgueil, en un mot, l'envie envers ceux qu'un vrai mérite distingue.

Le second des sentimens désordonnés de l'intérêt personnel est l'*égoïsme* ; sentiment méprisable qui fait que l'on ne voit en tout que *soi*, que l'on rapporte tout à soi, que l'on n'a aucun égard à l'opinion d'autrui, et qu'on ne voit que son intérêt, presque toujours mal jugé.

On sait que ce sentiment désordonné donne lieu à l'avarice, à la cupidité, etc.; nous entraîne à ne connaître d'autre justice que notre intérêt personnel, à faire au besoin un accommodement avec les principes; et nous porte en outre à la conservation des préventions qui sont dans notre intérêt, à l'indifférence envers tout ce qui lui est étranger, à la dureté et à l'insensibilité à l'égard des peines, des souffrances et des malheurs des autres, etc., etc.

Par les mêmes voies citées, l'intérêt personnel donne lieu quelquefois à une force d'action et à un sentiment qui semblent sans mesure ; tels que l'audace, la témérité même qui fait que, sans examen des périls, on s'y précipite aveuglément, et souvent sans nécessité.

Par le *sentiment intérieur* et la *pensée dirigée par la raison*, l'intérêt personnel, alors parfaitement réglé, donne lieu à ses plus importans produits, savoir : 1°. à la *force* qui constitue l'homme laborieux que la longueur et les difficultés d'un travail utile ne rebutent point; 2°. au *courage* de celui qui, ayant la connaissance d'un danger, s'y expose néanmoins lorsqu'il sent que cela est nécessaire; 3°. à l'*amour de la sagesse.*

Or, ce dernier, qui seul constitue la vraie philosophie, distingue éminemment l'homme qui, dirigé par ce que l'observation, l'expérience et une méditation habituelle lui ont fait connaître, n'emploie, dans ses actions, que ce que la raison et la justice lui conseillent: ce qui le porte à l'amour de la vérité, en toute chose, et à l'acquisition de connaissances positives de tous genres, afin de rectifier de plus en plus ses jugemens; à fuir partout et en tout les extrêmes; à la modération dans ses désirs, et à une sage retenue dans ses besoins non essentiels; à la mesure dans toutes ses actions, et à l'éloignement pour toute affectation quelconque; à la conservation des convenances partout; à l'indulgence, la tolérance, l'humanité et la bonté envers les autres; à l'amour du bien public et de tout ce qui est utile à ses semblables; au mépris de la mollesse, et à une espèce de dureté envers lui-même qui le soustrait à cette multitude de besoins factices qui asservissent ceux qui s'y livrent; à la résignation, et, s'il est possible, à l'impassibilité morale dans les souffrances, les revers, les injustices, les oppressions, les pertes, etc.; au respect pour l'ordre, les institutions publiques, les autorités, les lois, la morale, en un mot, la religion.

La pratique de ces maximes caractérise la vraie philosophie, soustrait l'homme aux produits désordonnés de ses penchans, aux passions qui peuvent l'agiter, et lui donne la dignité à laquelle il est le seul, parmi les êtres intelligens, qui puisse atteindre.

Quant au penchant à *dominer*, c'est, parmi ceux qui sont généraux, l'un des plus remarquables par la véhémence qu'il acquiert à mesure que les circonstances le favorisent davantage; et c'est, en effet, celui qui se montre le plus fréquemment dans les actions de l'homme. On l'observe effectivement dans toutes ses actions; il se manifeste même chez lui dès son enfance, et agit sans cesse à son insu. Ce penchant développe plus ou moins ses produits selon les diverses circonstances où se trouvent les hommes dans la société. En effet, l'infortune, l'oppression et la servitude habituelle l'éteignent en grande partie dans le commun d'entre eux, tandis que le bonheur et les succès constans accroissent alors considérablement son énergie. De là vient que son activité est extrême dans l'homme à qui tout prospère ; et qu'au contraire, la bonté, l'humanité, la modération, la sagesse même, ne se rencontrent guère que dans celui qui a beaucoup souffert de l'injustice des autres.

Le penchant dont il s'agit, et que nous tenons de la nature, est si généralement actif, qu'on le reconnaît toujours dans les discussions qui ont lieu entre les individus, et que, même dans toutes les assemblées, on le voit constamment porter certaines personnes à vouloir entraîner l'opinion des autres et la soumettre à la leur par l'autorité de leurs décisions.

C'est aussi ce penchant à dominer, en un mot, à l'emporter en quelque chose sur ses semblables, qui produit dans l'homme cette agitation sourde et générale qui ne lui permet point d'être entièrement satisfait de son sort; agitation qui devient d'autant plus active qu'il a plus d'idées et que son intelligence a reçu plus de développement, parce qu'alors il s'irrite continuellement des obstacles que son penchant rencontre de toutes parts.

On sait assez que nul n'est content de sa fortune quelle qu'elle soit ; que nul ne l'est pareillement de son pouvoir ; et même que l'homme qui déchoit dans ces objets est toujours plus malheureux que celui qui n'avance point. Enfin l'on sait que toute uniformité de situation, physique ou morale, qu'un travail soutenu ne détruit point, bornant nécessairement sa tendance intérieure, que cette uniformité, dis-je, amène en lui ce vide, ce mal-être obscur et moral qu'on nomme *ennui*, et lui fait du changement un besoin insatiable, source de son attrait pour la diversité.

Ce même penchant le porte donc continuellement à augmenter ses moyens de domination; et il ne manque jamais de l'exercer, soit par le pouvoir, soit par la richesse, soit par la considération, soit enfin par des distinctions d'un ordre ou d'un genre quelconque, toutes les fois qu'il en trouve l'occasion.

Enfin, jamais satisfait, quelque succès qu'il obtienne, c'est lui qui donne naissance à cette passion qui ne laisse aucun repos à ceux qui s'y livrent, et qu'on nomme *ambition*.

Les conséquences de ce que je viens d'exposer sont très-faciles à déduire; aussi je me dispenserai d'en faire l'application aux faits que nous présentent les temps passés et ceux où nous vivons actuellement. Je dirai seulement que la nature ayant donné à chaque individu un amour ardent pour la liberté et pour la domination, ceux qui tiennent le pouvoir tendent toujours à l'accroître et à l'exercer arbitrairement, et s'efforcent de surmonter ou de détruire tout ce qui pourrait y mettre obstacle.

A l'égard du penchant qui nous fait rechercher le *bien-être*, tant physique que moral, et par suite fuir tout ce qui y est contraire, il nous est aussi donné par la nature, existe chez nous généralement, et concourt à notre conservation ou la favorise. En effet, non-seulement il entraîne la nécessité pour nous de fuir le mal-être, c'est-à-dire, d'éviter la souffrance, de quelque nature et dans quelque degré qu'elle soit, mais en outre il nous porte sans cesse à tâcher de nous procurer l'état opposé, en un mot, le *bien-être*.

Or, ce *bien-être* n'est pas l'état où l'on serait borné à n'éprouver aucune sorte de mal-être; cet état même ne saurait exister pour l'homme, celui-ci ayant toujours quelque désir et par conséquent quelque besoin non satisfait. Mais le bien-être se fait constamment ressentir en lui chaque fois qu'il obtient une jouissance quelconque; et certes, toute jouissance n'a lieu que lorsqu'on satisfait à un besoin de quelque nature qu'il soit. On sait assez que, selon le degré d'exaltation du sentiment qu'on éprouve alors, on obtient ce qu'on nomme, soit de la *satisfaction*, soit du *plaisir*.

Le véritable *bien-être* devrait se composer de la réunion du bien-être physique et de celui qu'on nomme moral; mais, outre que cette réunion est en général assez rare, le bien-être senti ne réside réellement que dans les momens de jouissances; et malheureusement ces momens sont presque toujours très-passagers, étant interrompus ou en quelque sorte suspendus par des peines plus souvent morales que physiques. La destinée de l'homme se compose donc d'alternatives irrégulières de *bien-être* et de *mal-être*, parmi lesquelles les dernières, surtout celles qui concernent les souffrances morales, paraissent trop souvent l'emporter.

Enfin, relativement au penchant qui nous fait éprouver un sentiment d'horreur pour l'*anéantissement de notre être*, il faut aussi l'attribuer à la nature; car il est la conséquence immédiate de l'amour qu'elle nous a donné pour notre conservation. En effet, ce sentiment profond que l'homme seul paraît posséder, et qui lui est général, parce que, très-probablement, il est le seul être intelligent qui connaisse la mort, lui inspire une répugnance ou une aversion constante pour sa destruction, et nous semble être la source de l'espoir qu'il a conçu d'une autre existence sans terme qui doit succéder pour lui à la première, et dans laquelle sa pensée se dédommage de la perte de celle-ci. Le fondement positif de cet espoir est encore à découvrir; néanmoins, l'homme ayant su élever sa pensée jusqu'à l'*être suprême*, par l'observation de la portion de ses œuvres qu'il a pu contempler, cette grande pensée a étayé son espérance, et lui a inspiré des sentimens religieux, ainsi que les devoirs que ceux-ci lui imposent.

Je ne montrerai point comment ces sentimens religieux peuvent être modifiés par certains de ces penchans naturels qui, trop souvent, maîtrisent l'homme dans ses actions; ni comment le fanatisme et l'intolérance religieuse, qui diffèrent si considérablement de la vraie piété, peuvent résulter de son penchant à la domination. Ce qui précède doit suffire pour l'éclaircissement de ces objets.

La vie de l'homme, quoique agitée dans son cours par des contrariétés sans nombre, et trop souvent par une multitude de souffrances, soit physiques, soit morales, le met néanmoins dans un état presque continuel de jouissances qui naissent du sentiment de son existence, et qui ne sont interrompues que pendant le sommeil complet et la léthargie. Toute jouissance, avons-nous dit, est un état de bien-être, comme tout besoin en est un de mal-être. Sans doute, le cours de la vie se compose d'une alternative irrégulière de biens et de maux particuliers, soit physiques, soit moraux; malgré cela, le bien-être presque continuel que ressent l'individu par la jouissance du sentiment intime de son existence, est ce qui lui donne le penchant naturel à sa conservation. C'est donc pour lui le plus grand de tous les malheurs que la perte de l'existence.

Et qu'on ne dise pas que le *suicide*, qui est malheureusement trop commun dans nos temps modernes, dépose contre l'existence du sentiment profond que nous prétendons avoir été donné à l'homme par la nature; car à cela nous répondrons que le *suicide* est le produit d'un état maladif dans lequel les lois ordinaires de la nature sont interverties. En effet, tantôt il résulte d'une fièvre cérébrale qui occasionne un grand désordre dans les idées et fausse alors le jugement; et tantôt, au contraire, il est le produit d'un grand trouble excité dans le sentiment intérieur de l'individu, trouble qui lui ôte le jugement, lui fait voir les choses autrement qu'elles ne sont, et l'entraîne à mettre précipitamment un terme à son existence. Ainsi l'individu qui se suicide est alors malade, ne possède plus sa raison, et conséquemment n'est pas coupable.

Tels sont les divers *penchans naturels* de l'homme, véritables produits de son sentiment intérieur, qui exercent généralement une grande influence sur ses actions, et parmi lesquels son amour exclusif pour la liberté, son intérêt personnel, ainsi que sa tendance à la domination, sont ceux qui se développent avec le plus d'énergie dans les circonstances qui y sont favorables.

On lui reconnaît aussi des sentimens factices qu'il tient de son éducation, des circonstances de sa position dans la société, des personnes qu'il fréquente habituellement, et des opinions qui sont favorables à ses intérêts particuliers. Parmi ces sentimens factices, il faut surtout compter les préventions qui lui furent inspirées, ainsi que différens prestiges ou engouemens particuliers qui le dominent, et dont il n'examine presque jamais le fondement.

Ces différens objets appartiennent à son sentiment intérieur, et en sont, les uns des produits naturels, et les autres des modifications particulières. Passons maintenant à l'examen d'une autre sorte de phénomènes organiques, lesquels dépendent encore du sentiment intérieur, en un mot, de ceux qui constituent l'*instinct*.

CHAPITRE II.

De l'Instinct.

On donne le nom d'*instinct* à cette puissance intérieure qui fait agir immédiatement les êtres qui en sont doués, à l'une de ces deux sources d'actions que possèdent l'homme et les animaux *intelligens*, enfin, à la seule dont jouissent les animaux qui ne sont que *sensibles*, ceux que je nomme *apathiques* n'en ayant en eux d'aucune sorte. Cette puissance intérieure, reconnue depuis long-temps comme amenant et dirigeant les actions des animaux, leur fut généralement attribuée, et on lui opposa ce qu'on nomme la *raison* dont on fit l'apanage exclusif de l'homme; mais de part et d'autre, on fut dans l'erreur à l'égard de ces objets, leur source et leur nature n'ayant point été connues.

L'*instinct* est, dans tout être sensible, le produit d'un *sentiment intérieur* qu'il possède, sentiment très-obscur qui, dans certaines circonstances, l'entraîne à exécuter des actions à son insu, sans détermination préalable, sans l'emploi d'aucune idée, et par suite, sans la participation de la volonté : telle est, pour moi, la véritable définition de l'*instinct.*

Tout être sensible, c'est-à-dire, doué de la faculté de sentir, et ce n'est que dans le règne animal qu'il en existe de cette sorte, possède un *sentiment intérieur*, dont il jouit sans le discerner, qui lui donne une notion très-obscure de son existence, ou autrement, qui constitue en lui le sentiment de son être, et qui y donne lieu à ce *moi* si connu de nous, parce que nous avons le pouvoir d'y donner de l'attention.

Ce sentiment intime d'existence, en un mot, ce *moi* en question nous était bien connu, comme je viens de le dire; mais le *sentiment intérieur* qui y donne lieu, constituant une puissance, d'une part, susceptible d'être émue par tout besoin senti, et de l'autre, capable de faire agir immédiatement, ne me paraît avoir été reconnu par personne avant moi. On ne s'en occupa point; on n'en rechercha ni la nature, ni la source; et l'*instinct* demeura pour nous un effet aperçu, provenant d'une cause ignorée, reléguée, avec tant d'autres, parmi les mystères de l'organisation, supposés impénétrables.

Pour parvenir à connaître la puissance intérieure dont il s'agit, il fallait donner de l'attention au produit naturel de cette *connexion intime* de toutes les parties d'un système nerveux déjà assez avancé dans sa composition, pour que toutes les parties de l'individu en reçussent des branches ; il fallait remarquer que cette connexion fait nécessairement participer l'individu entier au moindre ébranlement excité dans ce système ; il fallait encore reconnaître que toutes les parties de ce même système aboutissant généralement à un foyer particulier, il devait résulter de l'extrême mobilité du fluide subtil qu'elles renferment, que la moindre agitation de ce fluide en produirait une au foyer commun, et que, par lui, cette agitation se propagerait aussitôt dans l'être entier, se répercutant de tous les points jusqu'au foyer même, siége du *sentiment* intérieur et obscur qui résulte de cet ordre de choses ; enfin, il fallait concevoir que tout besoin ne devient tel qu'à l'instant où l'objet qui manque à l'individu, ou celui qui le gêne ou lui nuit, a excité un mouvement quelconque au foyer dont il vient d'être question ; et qu'alors, seulement, le besoin est ressenti.

Il me reste à montrer comment le *sentiment*

intérieur est averti d'un besoin quelconque, c'est-à-dire, par quelle voie tout besoin lui parvient et l'émeut. Pour cela, il faut se rappeler que le foyer des sensations est le même que celui qui est le siége du *sentiment intérieur ;* et que le foyer de l'esprit, qui en est séparé, communique, par une voie courte, avec celui des sensations. Les choses étant ainsi, il est évident que les besoins qui appartiennent aux sensations, parviennent facilement au *sentiment intérieur* par la sensation elle-même ; car si je me brûle inopinément, la douleur aura bientôt amené le besoin de m'y soustraire, et parvenant au *sentiment intérieur*, ce dernier en sera ému aussitôt. Il en est de même de tous les autres besoins de l'ordre des sensations. Quant à ceux qui appartiennent à l'ordre des pensées, et qui sont appelés *moraux*, l'esprit, les ayant jugés, en transmet aussitôt l'impression au *sentiment intérieur*, qui, à l'instant, dirige les actes à exécuter, même ceux de l'intelligence. On sent assez qu'il en est ainsi des besoins qui appartiennent à l'ordre des sentimens; ordre qui embrasse les penchans et les passions. Or, ces derniers étant des produits du *sentiment intérieur* même, donnent lieu aux besoins de l'ordre dont il s'agit, lesquels sont aussitôt ressentis par le *sentiment intérieur* qui s'en trouve proportionnellement ému. Je distingue donc les besoins en trois ordres: ceux de l'*ordre des sensations*, ceux qui appartiennent à l'*ordre des pensées*, enfin ceux qui embrassent l'*ordre des sentimens*. Je n'en connais aucun qui ne se rapporte à l'un de ces ordres.

Il était, sans doute, difficile de réunir toutes ces considérations par la pensée; mais il fallait le faire, parce qu'elles s'enchaînent, qu'elles sont dépendantes, et qu'elles concernent un phénomène organique très-compliqué dans ses causes et son mécanisme. En effet, les phénomènes divers que produit le *sentiment intérieur*, ceux qui constituent la *sensation*, enfin ceux qui appartiennent à l'*intelligence*, sont dans le même cas; et comme ce sont des phénomènes organiques, conséquemment des phénomènes physiques, et que la nature n'en saurait produire d'aucun autre ordre, quelque compliquées que soient leurs causes, elles sont susceptibles néanmoins d'être saisies, et l'homme ne peut avoir de moyens que pour reconnaître celles-là.

Cet éclaircissement donné, je reviens au *sentiment intérieur*, dont ici la considération est importante; et je dis qu'il constitue une véritable puissance, puisque, dès qu'un besoin l'émeut, ce sentiment a la faculté de faire agir immédiatement. Il est, effectivement, susceptible d'être ému par tout besoin ressenti; et, dès-lors, sans le concours d'aucune pensée, d'aucune volonté, d'aucune cause hors de lui, il fait agir sur-le-champ et fait exécuter l'action propre à satisfaire au besoin éprouvé, ou, au moins, celle qui y tend directement.

Pour qu'une sensation puisse parvenir à donner une idée, et pour que tout acte quelconque de l'intelligence puisse s'exécuter, l'*attention* est préalablement nécessaire; au contraire, relativement à tout acte de l'*instinct*, l'attention n'a jamais besoin d'être employée, et ne l'est pas effectivement. Les faits qui appartiennent au *sentiment intérieur* sont donc d'un ordre particulier, très-différent de ceux qui donnent lieu aux sensations et aux actes de l'intelligence.

Ainsi l'*instinct* n'est pas, comme on l'a cru, un flambeau qui éclaire; puisque les actes qu'il fait exécuter ne sont jamais le résultat de pensées délibérantes, de préméditations, de jugemens qui les terminent, en un mot, de déterminations constituant des actes de volonté. Les actes de l'*instinct* sont, au contraire, des effets toujours parfaitement proportionnels aux causes qui y donnent lieu, ce qui assure leur rectitude; tandis que les actions qui, comme celles que fait exécuter la volonté, résultent d'un jugement, sont toujours exposées à l'erreur, quoique plus ou moins, selon le degré d'intelligence de l'individu, et son expérience plus ou moins grande.

Tous les actes, en effet, que l'*instinct* fait produire, sont les suites d'émotions excitées dans le sentiment intérieur, par chaque besoin ressenti; émotions fortes ou faibles, selon la nature, l'intensité ou l'urgence des besoins qui les excitent. Ainsi, de même que tout mouvement communiqué à un corps est toujours, dans sa force et sa direction, le produit juste de la puissance qui l'a communiqué; de même aussi, toute action que fait exécuter l'*instinct*, est toujours le produit juste de l'émotion excitée dans le sentiment intérieur, ainsi que celui de la grandeur, de la nature et des modifications particulières de cette émotion. Or, cette même émotion, devenant cause active, met, dans l'instant, en mouvement, les organes qui doivent exécuter cette action. *V.* la *Philosophie zoologique*, vol. 2, page 447.

Je n'ai point de terme pour exprimer cette puissance intérieure, dont jouissent non-seulement les animaux intelligens, mais encore ceux qui ne sont doués que de la faculté de *sentir*; puissance qui, émue par un besoin ressenti, fait agir immédiatement l'individu, c'est-à-dire, dans l'instant même de l'émotion qu'il éprouve; et si cet individu est de l'ordre de ceux qui sont doués de facultés d'intelligence, il agit, néanmoins, dans cette circonstance, avant qu'aucune préméditation, qu'aucune opération entre ses idées, ait provoqué sa *volonté*.

C'est un fait positif, et qui n'a besoin que d'être remarqué pour être reconnu, savoir : que dans les animaux dont je viens de parler, et dans l'homme même, par la seule émotion du *sentiment intérieur*, une action se trouve aussitôt exécutée, sans que la pensée, le jugement, en un mot, la volonté de l'individu y ait eu aucune part; et l'on sait qu'une impression ou qu'un besoin subitement ressenti, suffit pour produire cette émotion.

« Ainsi, nous-mêmes, nous sommes assujettis, dans certaines circonstances, à cette puissance intérieure qui fait agir sans préméditation. Et, en effet, quoique très-souvent nous agissions par des actes de volonté positive, très-souvent aussi chacun de nous, entraîné par des impressions intérieures et subites, exécute une multitude d'actions, sans l'intervention de la pensée, et conséquemment d'aucun acte de volonté. Or, cette puissance singulière, qui nous fait agir sans préméditation, à la suite d'émotions éprouvées, est celle-là même que, sans connaître sa nature, l'on a nommée *instinct* dans les animaux : *Hist. nat. des animaux sans vertèbres*, *Introduction*, vol. 1, pag. 17 à 19.

C'est elle qui nous arrête et nous fait reculer subitement à l'aspect inattendu d'un danger qui survient, ou lorsqu'un grand bruit nous surprend; c'est elle qui nous cause la frayeur, selon notre faiblesse plus ou moins grande, à la vue des périls auxquels nous sommes exposés ; c'est elle qui dérange notre présence d'esprit, c'est-à-dire, nos facultés d'intelligence, dans les circonstances difficiles où nous nous rencontrons; c'est elle, en un mot, qui, dans une émotion violente, telle qu'une douleur excessive ou une joie immodérée, trouble nos sens, au point de nous en faire perdre quelquefois l'usage, etc., etc., etc.

La puissance singulière dont je viens de parler, et qui nous fait agir à notre insu, avant qu'aucune préméditation ait pu concourir à l'action exécutée; celle, en un mot, que l'on a nommée *instinct*, n'est donc point particulière aux animaux, puisque nous y sommes nous-mêmes assujettis. Elle ne leur est pas même générale ; car les animaux que j'ai nommés *apathiques* , ne jouissant point de la faculté de *sentir*, ne sauraient avoir de *sentiment intérieur* , ne sauraient sentir des besoins, ne sauraient en éprouver les émotions qui peuvent faire agir, enfin, ne sauraient avoir d'*instinct*.

S'il est vrai que les animaux soient des productions de la nature, il l'est aussi qu'elle ne les a produits que successivement ; qu'elle n'a pu accroître que progressivement leurs moyens ou leurs facultés ; enfin, qu'elle n'a pu établir que graduellement les organes ou systèmes d'organes particuliers, qui donnent aux plus parfaits d'entre eux cette réunion de facultés particulières que nous leur connaissons. Il en résulte que tous les animaux ne possèdent point cette réunion de facultés, ni celle des organes qui les donnent ; qu'avant d'avoir amené l'existence des animaux *sensibles*, la nature en a produit qui ne sont encore qu'*apathiques* ; et qu'ensuite, ayant réussi à établir le *sentiment* dans un grand nombre d'animaux divers, ce n'est qu'après avoir préparé, en eux, des perfectionnemens plus éminens encore, qu'elle est parvenue à donner à beaucoup d'autres, des facultés d'*intelligence* dans différens degrés. Ces vérités, établies dans ma *Philosophie zoologique*, et dans l'introduction de l'*Histoire naturelle des animaux sans vertèbres*, seront toujours du nombre de celles qu'il sera impossible de contester solidement, parce que l'observation des faits qui concernent les animaux, les attestera toujours.

Il faut donc distinguer nécessairement les actions qui s'exécutent à la suite d'une préméditation qui amène une détermination, en un mot, la *volonté*, de celles qui se produisent immédiatement à la suite des émotions du *sentiment intérieur*, c'est-à-dire, par l'*instinct*. Il faut même distinguer les actions de cette dernière sorte, de celles qui ne sont dues qu'à des excitations de l'extérieur; car toutes ces causes d'actions sont essentiellement différentes, et tous les animaux ne sauraient être assujettis à la puissance de chacune d'elles : l'étendue des différences d'organisation ne le permet nullement.

Ainsi, l'*instinct* ne saurait être le propre des animaux *apathiques* ; il ne peut être que celui des animaux qui ont des sens, qui, conséquemment, peuvent éprouver des sensations, et qui ne sont doués de cette faculté admirable, que parce qu'ils possèdent un système nerveux assez composé pour former un ensemble de parties qui se communiquent et aboutissent toutes à un foyer commun, dès-lors capable de faire participer le système entier aux suites du mouvement excité dans une de ses parties.

Or, tout animal qui possède un système nerveux ainsi composé, dont les parties s'étendent à peu près partout et vont se rendre à un foyer commun ou principal, jouit alors d'un *sentiment intérieur* auquel tout son être participe, qu'il éprouve continuellement sans le discerner, parce qu'il est, en quelque sorte, très-obscur, et qui lui donne la *conscience* de son existence et des différens besoins qu'il peut éprouver.

Ce *sentiment intérieur* est tout-à-fait étranger à toute sensation grande ou petite, en un mot, à la douleur forte ou faible, partielle ou à peu près générale ; mais toute sensation éprouvée et tout besoin ressenti lui sont rapportés et l'émeuvent. Les émotions que ce *sentiment intérieur* éprouve alors font agir immédiatement l'individu, soit pour se soustraire à la douleur, soit pour satisfaire au besoin ressenti, ainsi que nous l'avons montré plus haut. Voyez l'introduction de l'*Histoire naturelle des animaux sans vertèbres*, vol. 1, pag. 242 et suivantes.

L'on sait que les fluides des principaux systèmes d'organes, surtout ceux du système sanguin, par des causes dont plusieurs sont déjà connues, sont sujets à se porter, avec plus ou moins d'abondance, tantôt vers l'extrémité antérieure du corps, tantôt vers l'inférieure, et tantôt vers tous les points de sa surface externe. Ainsi, quoique renfermés dans des canaux particuliers ou dans des masses appropriées dont ils ne peuvent franchir les limites latérales, les fluides de plusieurs de ces systèmes d'organes jouissent, par les communications qui existent entre eux, d'une relation générale, qui les met dans le cas de recevoir des impulsions ou des excitations pareillement générales, d'où résultent, dans le système sanguin, les affluences particulières dont je viens de parler.

Ce que je viens de dire des mouvemens singuliers qui s'exécutent dans le système sanguin, en certaines circonstances, des affluences presque générales du sang, tantôt vers certaines parties du corps, tantôt dans d'autres, n'est point uniquement le propre de ce système. On connaît d'autres humeurs que le sang, lesquelles subissent des métastases analogues et plus promptes encore. Mais c'est surtout dans le système nerveux, lorsque sa composition est fort avancée, que l'on observe des faits de cette nature, bien plus remarquables encore par leur promptitude et par les phénomènes qu'ils occasionnent. Or, par suite de l'extrême mobilité du fluide nerveux, de l'étonnante vivacité ou promptitude de ses mouvemens, et, en outre, de la communication de toutes les parties du système nerveux, les nerfs aboutissant tous à un foyer commun, la plus petite cause produit un ébranlement proportionné dans le système entier, et l'individu le ressent dans tout son être, sans pouvoir le distinguer clairement, ni le définir. Telle est la source des émotions du *sentiment intérieur* ; émotions qui sont si remarquables par la puissance qu'elles exercent sur les autres organes (1).

Le *sentiment intérieur*, dont je viens de montrer la nature et la source, et dont la découverte m'appartient, puisqu'on n'en trouve la définition dans aucun ouvrage, est quelquefois désigné, seulement, sous la dénomination de *conscience*. Mais cette dénomination, surtout d'après les idées qu'on y attache, ne le caractérise point suffisamment. Elle n'indique

---

(1) Qui ne connaît la gravité des désordres que produit quelquefois dans l'organisation, l'émotion que caus une grande frayeur ?

pas que ce sentiment obscur, mais général, soit tout-à-fait étranger à toute sensation quelconque, quoiqu'elle lui parvienne; elle n'indique pas qu'il soit aussi fort étranger à l'esprit, dont, néanmoins, les actes lui arrivent toujours; enfin, elle n'indique pas qu'il soit une véritable puissance, capable de faire agir directement, sans la nécessité d'une détermination, d'une préméditation.

Ce qui montre que le *sentiment intérieur* est étranger à la sensation, c'est que tout mouvement qui s'exécute dans le système des sensations, commence aux extrémités des parties de ce système, et se transmet ensuite au foyer commun, ce qui indique la nécessité d'une répercussion double; tandis que tout ce qui émeut le *sentiment intérieur*, ne le fait qu'au foyer même de ce sentiment, dont l'émotion ne produit qu'une répercussion simple. D'ailleurs la sensation ne met elle-même aucune des parties du corps en action; ce qu'au contraire le *sentiment intérieur* a la faculté de faire par lui-même.

Outre ce que je viens d'exposer sur la nature et les facultés du sentiment dont il s'agit, pour montrer que la dénomination de *conscience* ne l'a point fait réellement connaître, j'ajouterai que cette dénomination semble permettre la supposition du concours de la pensée et du jugement, dans les actions que ce sentiment ému fait subitement produire : ce qui n'est pas vrai. L'observation atteste, en effet, que, parmi les animaux qui possèdent ce même sentiment, les uns, tout-à-fait dépourvus d'intelligence, n'agissent uniquement que par la voie de cette puissance ; tandis que les autres, réellement intelligens, agissent quelquefois par les suites d'une volonté que leur pensée amène, et, néanmoins, agissent bien plus souvent encore par les émotions de leur sentiment intérieur, c'est-à-dire, par l'instinct, que par les résultats de leur volonté.

« Il n'y a guère que l'homme et quelques animaux des plus parfaits qui, dans des instans de calme intérieur, se trouvant affectés par quelque intérêt qui se change aussitôt en besoin, parviennent alors à maîtriser assez leur *sentiment intérieur* ému, pour laisser à leur pensée le temps de choisir et de juger l'action à exécuter. Aussi ce sont les seuls êtres qui puissent agir volontairement, et, néanmoins, ils n'en sont pas toujours les maîtres. » (*Hist. nat. des animaux sans vertèbres*, Introduct. vol. 1, p. 245.)

Il est donc nécessaire de distinguer, parmi les actions des animaux intelligens et même de l'homme, celles qui proviennent immédiatement de cette puissance interne qui constitue l'*instinct*, de celles qui résultent d'une préméditation qui permet un choix, un jugement, et qui amène les actes de volonté.

Pour être entendu, il est nécessaire de dire que je nomme *source d'actions*, la cause excitatrice de la puissance qui exécute, ou, en d'autres termes, qui met en mouvement les parties du corps qui doivent agir. Or, la cause excitatrice dont il s'agit, est, dans l'homme, ainsi que dans les animaux intelligens, tantôt l'impression directe d'un besoin senti, et tantôt celle d'un besoin qui résulte d'un acte de volonté. Dans le premier cas, c'est l'*instinct* qui fait agir; dans le second, l'action provoquée est un produit de l'intelligence; mais, dans l'un et l'autre cas, la puissance qui exécute, celle qui meut et dirige le fluide nerveux vers les parties qui doivent agir, est toujours le *sentiment intérieur*. Malgré les apparences, et je m'y étais trompé, les deux sources d'actions citées ne sont des puissances que sous certains rapports, c'est-à-dire, que comme excitantes; mais, comme je viens de le dire, celle qui exécute elle-même et qui est toujours unique dans l'homme et dans les animaux qui la possèdent, n'est autre que le *sentiment intérieur*.

L'*instinct* n'est qu'une force qui entraîne, que le produit du *sentiment intérieur*, qu'un besoin quelconque a ému. C'est une puissance, en quelque sorte, mécanique et qui n'a point en elle-même de degrés, mais dont les effets sont toujours proportionnels aux causes qui la font agir. L'individu, qui en est doué, la possède en naissant telle qu'il l'aura dans le cours de sa vie ; car l'*instinct*, qui constitue cette puissance, n'est point susceptible de perfectionnemens, et ne change point à mesure qu'il est exercé. Il ne se trompe jamais à l'égard des actions qu'il tend à faire exécuter ; et, en cela, il est fort différent de cette source d'actions que la volonté constitue. Enfin, il est aussi fort différent des *penchans*, en ce que ceux-ci, dans leurs développemens, sont susceptibles d'acquérir divers degrés d'exaltation, au point de se transformer en passions, souvent d'une violence extrême : ce qui fait que l'on ne saurait trouver alors aucune proportion entre leur cause et leur véhémence.

Effectivement, si l'on veut savoir pourquoi les actions qui proviennent des déterminations par l'intelligence, qui résultent d'un choix, d'un jugement, et par suite de la volonté, sont souvent inconvenables, trompent quelquefois, et n'atteignent pas alors le but désiré ; tandis que celles que l'*instinct* fait exécuter, ne trompent jamais, vont directement au but, et sont toujours les plus propres à satisfaire au besoin ressenti ; que l'on veuille donner de l'attention aux considérations que j'ai exposées dans ma *Philosophie zoologique* (vol. 2, 441-450), et surtout aux suivantes qui en obtiennent un fondement solide.

A l'égard des êtres doués d'intelligence, tels que l'*homme* surtout, qui va nous offrir des exemples dans ce que nous avons à dire à ce sujet, tout acte de volonté est toujours la suite d'un jugement. Or, tout *jugement* sans exception, est exposé à l'erreur : nous allons essayer de le prouver.

Un *jugement* est un acte organique, une opération qui s'exécute entre des idées rendues présentes à la pensée ; et tant que l'organe propre à cette fonction n'est point altéré, son opération est toujours ce qu'elle doit être, son résultat qui constitue le jugement est toujours juste. Cependant ce jugement, très-juste en lui-même, est toujours exposé à l'erreur, relativement à l'objet auquel on l'applique : en voici la raison.

Sans doute, tant qu'un organe n'est point altéré, toute opération qu'il exécute ne peut être fausse, et ne l'est jamais effectivement; il s'ensuit que celle qui constitue un *jugement* ne saurait l'être. Cette dernière opération est toujours le résultat très-juste des élémens qui y ont servi, en un mot, des idées qui y furent employées.

On peut comparer un *jugement* au résultat d'une opération d'arithmétique : le *quotient* trouvé est juste, si la règle a été bien faite; et, néanmoins, ce résultat est faux dans son application, si l'on n'a point fait usage, dans le calcul, de toutes les données qui devaient y entrer.

Ainsi, comme je l'ai dit au commencement de cet article, l'homme et les animaux *intelligens* possèdent deux sources d'actions très-distinctes: celle qui résulte d'une *préméditation* qui peut amener la volonté d'agir; et celle qui provient de l'*instinct* qui peut, de son côté, faire exécuter diverses actions. Il n'en est pas de même des animaux qui ne sont que *sensibles;* car l'instinct est la seule source de leurs actions, ce que j'ai déjà montré; et ils n'ont que des habitudes qu'ils conserveront toujours les mêmes, tant que les causes qui les ont amenées ne changeront point. Quant aux animaux *apathiques*, les causes qui les font agir sont absolument hors d'eux : privés du *sen-*

timent intérieur, ils le sont aussi, par conséquent, de celui de leur existence, comme les végétaux, et l'*instinct* est entièrement nul pour eux.

Or, puisque l'*instinct* n'est qu'un produit du *sentiment intérieur*, il était donc nécessaire, avant tout, de se former une juste idée de ce dernier, pour parvenir à reconnaître la nature et la puissance de la singulière source d'actions qu'il constitue. Je compléterai, en quelque sorte, les idées essentielles qu'il convient de se former de ce même sentiment, en disant ici un mot de chacun de ses produits.

Effectivement, trois sortes de produits appartiennent au *sentiment intérieur*, savoir 1°. l'*instinct*, puissance qui fait agir, et que je crois avoir suffisamment caractérisée; 2°. les *penchans naturels* qui existent en même temps que l'individu, mais que le *sentiment intérieur* seul développe, lorsque les circonstances dans lesquelles l'individu se rencontre y sont favorables; 3°. les *sentimens particuliers* que chaque individu a pu se former ou éprouver dans le cours de sa vie. Dans les considérations très-resserrées que j'ai exposées à l'article *homme*, j'ai déjà indiqué ces trois sortes de produits du sentiment intérieur; ici, je vais exprimer succinctement ma pensée sur leur nature, leur distinction et leurs caractères.

Relativement à l'*instinct*, je n'ajouterai rien à ce qui en a été dit ci-dessus. En effet, on y a vu que ce produit du *sentiment intérieur* est très-distinct des penchans, ainsi que des sentimens particuliers, et qu'il constitue une puissance qui fait agir immédiatement, chaque fois qu'un besoin senti sollicite une action.

Quant aux *penchans*, je les nomme naturels, parce que c'est, effectivement, la nature qui les a institués, et parce qu'ils existent en même temps que l'instinct, aussitôt même que le sentiment intérieur. Et, en effet, dès qu'un individu a le sentiment intime de son existence, qu'il le remarque ou non, il a aussitôt un penchant à la conservation de son être, et ce penchant est la source de tous les autres, quelque nombreux qu'ils puissent devenir: ce que je crois avoir mis en évidence dans l'*Introduction à l'hist. nat. des animaux sans vertèbres*, vol. 1, p. 259. Mais si les *penchans* furent établis par la nature, c'est au sentiment intérieur seul que chacun d'eux doit le développement qu'il acquiert lorsque les circonstances y sont favorables. Ainsi, les penchans développés sont la seconde sorte de produits du sentiment intérieur. On sait assez que leur développement, lorsqu'il est excessif, les transforme en *passions*; celles-ci, par conséquent, étant du même ordre, appartiennent donc encore au sentiment intérieur.

Enfin, la troisième sorte de produits du sentiment intérieur consiste dans les *sentimens particuliers* que chaque individu a pu se former dans le cours de sa vie; sentimens qui peuvent être régis ou dirigés par le degré de raison de l'individu, mais qui, trop souvent, ne le sont que par ceux de ses penchans qui se sont développés. Ayant cité les sentimens dont il s'agit à l'article *homme*, nous nous bornerons ici à indiquer leur source; et nous dirons qu'ils sont tous, en quelque sorte, accidentels, ne sont point donnés par la nature, et sont, en cela, très-distincts des penchans. Ils tiennent à la manière dont l'être qui les éprouve voit ou juge les choses, selon son âge, sa situation, les préventions qu'il a reçues, les prestiges qui lui imposent, les opinions qu'il trouve admises, etc.; et nous pensons que leur formation est due aux causes suivantes.

Il nous semble, effectivement, que certaines impressions fréquentes et répétées de la part de la pensée, opérées sur le sentiment intérieur, y doivent donner lieu à une espèce de *besoin permanent*, besoin qui constitue tel des sentimens dont il est question. Ce sentiment a ses paroxismes, selon les circonstances; mais il subsiste tant que les causes qui l'ont établi ne changent point, parce que l'espèce de besoin qui en résulte subsiste lui-même. Les paroxismes du même sentiment sont les suites de certaines agitations plus grandes du fluide qui occupe le siége du sentiment intérieur; agitations opérées par le besoin cité, tout à coup devenu plus pressant. Ainsi les *sentimens particuliers* de l'homme, très-variés parmi les individus de son espèce, ne sont que des produits de son sentiment intérieur, occasionnés par des besoins en quelque sorte permanens que certains ordres ou états habituels de sa pensée ont fait naître et entretiennent. Sans trop craindre de se tromper, on pourrait dire de ces *sentimens*, que ce sont des *habitudes* particulières du sentiment intérieur.

Maintenant, on reconnaîtra, sans doute, que l'espèce de digression que je viens de faire, à l'égard des produits du *sentiment intérieur*, était véritablement nécessaire pour faire entièrement connaître ce sentiment, pour lequel nous aurions besoin d'une expression particulière, afin de le désigner sans confusion. On a pu voir, par tout ce qui précède, que le sentiment dont il est question constitue une puissance très-grande, et surtout très-importante à prendre en considération; car, sans cette considération, presque tous les phénomènes de l'organisation resteront à jamais inintelligibles pour nous.

Je crois avoir montré, effectivement : 1°. que le *sentiment intérieur* est la seule cause qui exécute toute action des parties du corps qui se trouvent dans notre dépendance ; soit les mouvemens de tous genres que nous pouvons imprimer à ces mêmes parties, soit la formation de nos idées, de nos pensées, de nos actes de mémoire, en un mot, de tous les phénomènes de notre intelligence; 2°. que lui seul est la cause productrice de l'*instinct*, de tout ce qu'il fait exécuter aux êtres qui en sont doués; 3°. que c'est encore à lui qu'est dû le développement de nos penchans; 4°. enfin, que c'est toujours lui qui donne lieu aux *sentimens particuliers* si variés, quelquefois si étranges et si singuliers, qui s'observent parmi les individus de notre espèce.

Il est maintenant facile de concevoir l'impossibilité où l'on fut de déterminer positivement la nature de l'*instinct*, et, par conséquent, son pouvoir et ses limites, tant que celle du *sentiment intérieur* ne fut pas connue.

Cabanis fut sur le point de faire la découverte de l'*instinct;* cependant il n'y put parvenir. Il sentait la force de l'opinion ancienne qui considérait la *sensibilité physique* comme la source de toutes les idées, de toutes les actions; il sentait aussi combien étaient fondés ces observateurs qui considérèrent pareillement toutes les déterminations des animaux, non comme un produit d'un choix raisonné, de l'expérience mise à profit, mais comme se formant sans que la volonté des individus y puisse avoir aucune part: ce qui est bien là, effectivement, le propre de l'*instinct.* Néanmoins, ainsi que l'avaient fait jusqu'alors les philosophes et tous les physiologistes, *Cabanis* ne reconnut point à quoi tenait la *sensibilité physique;* ne la borna point; l'attribua généralement à tous les animaux, comme étant le propre de leur nature; ne mit nullement à profit l'importante détermination de l'*irritabilité* qu'on doit à *Haller;* enfin, ne reconnut point véritablement le *sentiment intérieur*, et, conséquemment, ne put découvrir l'*instinct :* il confondit même ce dernier avec les penchans.

N'ayant trouvé nulle part la démonstration du *sentiment intérieur*, je crois donc être le premier qui ait mis ce sentiment en évidence, qui ait montré que tout besoin senti peut l'émouvoir et le mettre en action, en un mot, qui l'ait présenté comme une puissance remarquable que la nature est parvenue à instituer dans un grand nombre d'animaux divers, et qui est très-importante à considérer dans l'homme même. Le *sentiment intérieur* m'étant connu, la détermination précise de ce qu'est réellement l'*instinct* ne m'offrit plus de difficultés; et je pense avoir exposé clairement, dans cet article, ce qu'il était essentiel d'en dire. *Extrait du nouv. Dict. d'Hist. nat., éd. de Déterville.*

SECTION III.

De l'intelligence, des objets qu'elle emploie, et des phénomènes auxquels elle donne lieu.

Il s'agit maintenant d'un ordre de phénomènes très-singuliers, et même fort différens de tous ceux que l'organisation présente ailleurs, en un mot, d'une réunion de facultés organiques du premier ordre en éminence; facultés qui constituent les plus beaux phénomènes auxquels le pouvoir de la nature ait pu donner lieu, et qui nous sembleraient elles-mêmes des prodiges dont nous chercherions la source ailleurs que dans la nature, que dans le pouvoir de l'organisation, s'il n'était certain que, hors de ces deux objets, nous ne pouvons rien observer, et si nous ne savions qu'il se produit des phénomènes du même ordre dans les animaux les plus parfaits.

La réunion dont il est question embrasse quatre sortes de facultés distinctes, savoir :

1°. Celle qui constitue ce qu'on nomme l'*attention*;

2°. Celle d'acquérir et de se former des *idées*

de différens ordres, et de les fixer ou imprimer dans l'organe ;

3°. Celle de rendre, à volonté, présentes à l'esprit, telles des *idées* acquises dont on veut s'occuper ;

4°. Celle, enfin, d'exécuter entre les idées présentes à l'esprit, une opération qu'on nomme *jugement*.

Ainsi, les actes d'*attention*, ceux qui donnent lieu à la formation des *idées*, ceux encore qui rendent des idées acquises *présentes à l'esprit*, et les opérations de la pensée qui amènent un *jugement*, constituent la réunion de facultés que nous désignons sous le nom d'*intelligence*.

Quelque éminentes et admirables que soient ces facultés, toutes assurément sont le produit du pouvoir de l'organisation, c'est-à-dire, de celle qui est assez avancée dans sa composition, pour pouvoir y donner lieu; toutes, effectivement, sont dépendantes de l'intégrité de l'organe dont le propre des fonctions est d'en produire les actes; et toutes, enfin, sont assujéties, comme l'a montré *Cabanis*, aux influences de quantité de causes physiques diverses, et surtout à celles qui résultent des différens états des viscères.

Il s'ensuit, évidemment, que ces facultés sont tout-à-fait organiques, par conséquent véritablement physiques, et que ce sont des produits réels de la puissance de la nature. Or, considérer l'*attention*, les *idées* et les *jugemens* comme des objets métaphysiques, serait la même chose que si l'on regardait les *sensations*, le *sentiment intérieur*, le *mouvement musculaire*, les phénomènes de l'*irritabilité*, etc., comme des objets pareillement métaphysiques. Ces erreurs seraient d'autant plus manifestes, qu'il est certain que rien de ce qui est hors de la nature, de ce qui est indépendant de son pouvoir, ne peut être soumis à l'observation.

Si l'on examine chacune des quatre sortes de facultés qui appartiennent à l'intelligence, et si on les considère au moins dans leurs principaux détails, on reconnaîtra :

1°. Que l'*attention* n'est, à l'intelligence, qu'un acte préparatoire, excité par le sentiment intérieur, qui met l'organe en état d'exécuter chacune ou telle de ses fonctions, et sans lequel aucune de ces dernières ne pourrait avoir lieu. Elle est, en effet, une condition de rigueur, un véritable *sine quâ non* de tout acte intellectuel. Ainsi, quoique les actes d'attention ne s'exécutent que dans l'organe de l'intelligence, leur exécution appartient au sentiment intérieur; car c'est lui qui excite dans l'organe où se forment les idées, ou dans telle partie de cet organe, une préparation qui met ce même organe ou l'une de ses parties en état d'exécuter ces actes.

On peut dire que l'*attention* est un effort du sentiment intérieur, qui est provoqué, tantôt par un besoin qui naît à la suite d'une sensation éprouvée, et tantôt par un désir qu'une idée ou une pensée fait naître. Cet effort, qui transporte et dirige la portion disponible du fluide nerveux sur l'organe de l'intelligence, tend ou prépare telle partie de cet organe, et la met dans le cas, soit de rendre sensibles (présentes à l'esprit) telles idées qui s'y trouvaient déjà tracées, soit de recevoir l'impression d'idées nouvelles que l'individu a occasion de se former. (*Philosophie zoologique*, vol. 2, pag. 391.)

C'est un fait dont il est facile de se convaincre, savoir : que, sans l'*attention*, qui prépare l'organe de l'intelligence à l'exécution de ses fonctions, aucune sensation n'y peut parvenir, ou du moins n'y peut imprimer une idée ; aucune idée acquise ne peut être rendue présente à l'esprit ; enfin, aucune opération de la pensée ne peut s'exécuter et donner lieu à un jugement. Certes, ces conditions d'état *physique* font assez connaître qu'à l'égard des idées et des opérations qui s'exécutent entre elles, il n'est nullement question d'objets *métaphysiques*.

S'il est vrai que nos *idées primaires* proviennent uniquement de sensations éprouvées, et que toutes nos autres idées aient pris leur source dans ces premières; il l'est aussi que toute sensation éprouvée ne donne pas nécessairement une idée, et qu'il n'y a que des sensations remarquées, que celles sur lesquelles notre *attention* s'est fixée, qui puissent nous en faire acquérir.

Je crois avoir développé suffisamment ce sujet dans ma *Philosophie zoologique* (vol. 2, p. 391), à l'article *attention*, et j'y renvoie ceux qui peuvent s'y intéresser. Ici, je dirai seulement que si ces admirables phénomènes de l'organisation sont, comme beaucoup d'autres, si peu connus, c'est, d'une part, parce que l'on n'étudie point réellement la nature dans ses opérations, quoique l'on ait le plus grand intérêt à les connaître; et, de l'autre part, parce que des préventions ont fait attribuer à ces mêmes phénomènes une source qui n'est nullement la leur.

Tout le monde sait que l'*attention* long-temps soutenue devient une fatigue; que la méditation trop prolongée est dans le même cas et nous épuise ; donc les actes de l'intelligence sont, comme le mouvement musculaire, des actions organiques qui consument nos forces et auxquelles nous sommes obligés de mettre des bornes, pour les réparer par le repos.

2°. Que la faculté d'acquérir et de se former des *idées* de différens ordres, et d'en imprimer, dans l'organe, les images ou des traits qui peuvent servir à les rappeler, constitue ce qu'il y a de première importance à considérer dans l'*intelligence*; car, à son égard, il n'est partout question que d'idées, que d'opérations entre des idées, que de résultats de ces opérations qui sont encore des idées.

Ainsi, parmi les facultés dont la réunion constitue l'*intelligence*, la formation des idées étant la seconde et surtout la principale, il est question de savoir ce que sont ces idées elles-mêmes, et comment on les divise. Ici, je dirai peu de choses sur cet intéressant sujet ; je rappellerai seulement que les idées doivent nécessairement être distinguées en trois sortes très-différentes, telles que : 1°. les *idées primaires* ou de sensation ; 2°. les *idées complexes* de tous les ordres, qui prennent leur source dans les idées primaires, et résultent de la combinaison de plusieurs idées, soit primaires, soit même complexes ; 3°. les *idées d'imagination*, qui sont le produit de modifications arbitraires que nous avons le pouvoir de faire sur des idées acquises.

On verra, à l'article *idée*, que les *idées primaires* ou simples sont celles qui ne se forment que par la voie des sensations remarquées; qu'on les acquiert nécessairement les premières, sans cesser d'en pouvoir acquérir de nouvelles, et qu'elles n'en exigent point d'autres pour leur formation; que ces idées constituent autant d'images particulières que le sentiment intérieur fait parvenir jusqu'à l'organe de l'intelligence, qui s'y impriment plus ou moins profondément, et qui sont, par là, plus ou moins long-temps subsistantes; qu'enfin ces mêmes idées sont les plus solides, et par suite, celles sur lesquelles nous pouvons le plus compter, parce qu'elles résultent de faits d'observation, en un mot, d'objets très-positifs.

On verra ensuite, au même article, que les *idées complexes* de tous les degrés sont celles qui ne proviennent pas directement de la sensation, et qui sont essentiellement composées, parce qu'elles ne sont formées qu'avec des idées déjà acquises; que ces idées sont nécessairement postérieures à celles qui proviennent de la sensation; car les idées complexes du premier degré en sont immédiatement composées, tandis que celles des degrés supérieurs ne résultent que de la combinaison de plusieurs idées elles-mêmes complexes. Ainsi, les idées dont il s'agit, sont chacune le produit d'une opération intellectuelle qu'on nomme *jugement*; et quoique ce jugement soit un rapport découvert entre les idées qui y furent employées, il est très-exposé à manquer de solidité ou de justesse, relativement au sujet que l'on s'est proposé de juger. Enfin, les idées complexes n'offrant qu'un mélange de traits de différentes idées réunies, l'image compliquée qui en résulte, rappelle difficilement les idées particulières qui formèrent ces idées complexes, et n'est saisie et ne se fixe qu'à l'aide d'une attention très-profonde. Mais, pour le vulgaire, les idées complexes ne sont rappelées à l'esprit qu'au moyen des noms qu'on leur a consacrés, que par des mots qu'on s'habitue à prononcer, à entendre, et qui, écrits ou imprimés, en obtiennent une forme physique ou des traits qui, par la sensation, peuvent être tracés dans l'organe. C'est ainsi que le mot *nature* nous est très-familier; nous nous attachons moins à nous rendre raison de l'*idée très-complexe* qu'il exprime, qu'au mot lui-même dont nous nous contentons : il en est bien d'autres qui sont entièrement dans le même cas.

Cette faculté d'acquérir et de se former des idées de différens ordres, et d'en imprimer les images ou les traits dans l'organe, appartient sans doute à l'intelligence; mais nous verrons bientôt que l'exécution de ces différens actes est due au sentiment intérieur qui en est la source et les dirige. Aussi, lorsque, sans lui, quelque agitation dans l'organe rend des idées présentes à l'esprit, ces idées, qu'il ne dirige point, se succèdent et se cumulent sans ordre, et constituent alors ce que nous nommons des songes, des délires, etc.

3°. Que la troisième sorte de facultés de l'intelligence étant de se rendre, à volonté, présente à l'esprit telle des idées acquises; d'y en rendre sensibles plusieurs à la fois, lorsqu'on a besoin de les comparer, de les examiner; enfin, d'y rassembler même toutes celles qui concernent le sujet dont on veut s'occuper, est, sans contredit, l'une des plus importantes de l'entendement; car elle seule nous procure, selon l'habitude plus ou moins grande que nous avons de l'exercer, et la quantité de nos idées acquises, des moyens proportionnés pour bien juger, pour penser plus ou moins profondément. Aussi c'est à raison de ce que cette faculté est plus ou moins développée, que le *jugement* a plus ou moins de rectitude.

Puisque, comme toutes les autres, la faculté

dont il s'agit se développe à mesure qu'elle est plus exercée, et que ses actes alors deviennent de plus en plus faciles ou complets, on peut donc être assuré que, dans le cas contraire, la difficulté de ces mêmes actes est telle, que l'on fait rarement effort pour la surmonter, c'est-à-dire, pour penser, réfléchir, méditer, quelque intérêt qu'on ait à le faire.

Quant au mécanisme organique qui peut nous donner la faculté de nous rendre présentes à l'esprit telles de nos idées acquises, on est autorisé à penser qu'il n'est que le résultat du *fluide nerveux*, que l'on sait être subtil et rapidement déplaçable, et que le *sentiment intérieur* met en action. En effet, l'acte organique qui donne lieu à cette faculté, s'effectue, comme dans les précédentes, par la voie du *sentiment intérieur*. Ce sentiment, dès qu'un besoin l'y provoque, dirige aussitôt le fluide nerveux sur les traits imprimés de l'idée ou des différentes idées qu'il s'agit de rendre présentes à l'esprit; il excite, par cette voie, dans les parties de l'organe qui forment ces traits, des mouvemens qui se propagent jusqu'au foyer des pensées. Alors, la masse en réserve du fluide nerveux qui occupe ce foyer, recevant, de l'ensemble de ces mouvemens, une agitation particulière, la transmet aussitôt au *sentiment intérieur*, par la communication qui existe entre le foyer des *pensées* et celui des *sensations*; en sorte que, dans l'instant même, l'individu y participant dans tout son être, ces traits sont rendus présens à son esprit.

Je devrais parler ici des *idées d'imagination*, qui sont toutes le produit d'arrangemens ou de modifications arbitraires auxquels nous soumettons des idées acquises; mais cette opération de l'intelligence appartenant à la seconde sorte de ses facultés, dont il vient d'être fait mention, je renvoie le lecteur à l'article *imagination*, où j'ai exposé ce qu'il y a d'essentiel à considérer sur ce beau sujet. Je rappellerai seulement ce fait positif, savoir : que l'*imagination* ne saurait créer une seule idée qui ne prenne sa source dans celles que l'homme s'est procurées par ses sens; en sorte que, sans idées préalables, celui-ci ne saurait rien imaginer, en un mot, ne pourrait créer une idée quelconque. Il est donc vrai que l'*imagination*, que l'on regardait comme sans bornes, relativement à la production des pensées, se trouve renfermée, à cet égard, dans le cercle des idées que l'homme s'est acquises.

Un éclaircissement important est maintenant nécessaire à donner au lecteur, pour qu'il puisse saisir le mécanisme organique des trois sortes de facultés mentionnées ci-dessus : le voici.

L'*intelligence* reçoit uniquement du sentiment intérieur tous ses moyens d'action; ou, en d'autres termes, c'est du sentiment intérieur seul que l'organe de l'intelligence obtient les moyens d'exécuter ses différens actes.

Ce fait très-positif, qui n'est point exclusif pour l'organe de l'intelligence, car il embrasse toutes les parties du corps qui sont dans la dépendance de l'individu, fut jusqu'à présent généralement inaperçu; il est cependant, de tous les faits qui concernent l'organisation, le plus curieux, le plus important de ceux que l'on puisse connaître.

Ce même fait anéantit le mystère, en apparence impénétrable, qui enveloppait les phénomènes de l'intelligence, dont les causes ne se présentaient à nos yeux que comme des merveilles tout-à-fait hors du domaine de la nature. Et, en effet, quelque profonds penseurs que purent être les philosophes et les moralistes les plus célèbres, il leur était impossible de parvenir à en acquérir la connaissance, puisqu'ils n'avaient pas fait une étude préalable des lois et des moyens de la nature.

Ainsi, quoique, sans l'organe de l'intelligence,

aucune des facultés qu'il donne ne puisse être produite, c'est par le sentiment intérieur qu'une *sensation* peut former une idée et l'imprimer dans l'organe dont il s'agit; c'est par ce sentiment qu'une *idée inscrite* peut être rendue présente à l'esprit; c'est encore par lui que deux ou plusieurs idées acquises sont mises en comparaison au foyer des pensées, et que s'exécute l'opération qui amène une idée nouvelle qu'on nomme *conséquence, jugement;* c'est toujours par lui que, d'après un jugement obtenu, se forme la détermination ou la *volonté* de faire quelque chose; enfin, c'est par lui qu'avec des idées acquises et rendues présentes à l'esprit, l'*imagination* exécute différens actes, et produit des idées, des pensées nouvelles.

Ces considérations, dont le fondement ne sera jamais solidement contesté, parce qu'elles sont évidentes, qu'elles ne sont pas le produit d'un système imaginaire, mais celui d'observations attentivement suivies, nous amènent à reconnaître, dans le fait cité ci-dessus, une généralité plus grande encore, et à apercevoir bientôt après l'ordre des causes physiques qui donnent lieu à toutes les sortes d'actions de l'homme et des animaux intelligens : voici cet ordre.

Toute action d'un individu intelligent, soit un

mouvement de quelque partie de son corps, parmi celles qui sont dans sa dépendance, soit une pensée ou un acte entre des pensées, est nécessairement précédée d'un *besoin*, de celui qui a pu solliciter cette action. Ce besoin senti émeut aussitôt le *sentiment intérieur*; et, à l'instant même, ce sentiment dirige la portion disponible du fluide nerveux, soit sur les muscles de la partie du corps qui doit agir, soit sur la partie de l'organe de l'intelligence où se trouvent imprimées les idées qui doivent être rendues présentes à l'esprit, pour l'exécution de l'acte intellectuel que le besoin sollicite.

La connaissance de cette vérité de fait est de toute importance pour le naturaliste qui veut remonter à la source de toute action quelconque d'un être intelligent. C'est toujours un *besoin* senti qui nous présente cette source et qui est le premier mobile ou la première cause physique de l'action.

Si ce besoin parvient directement au *sentiment intérieur* par la voie de la sensation, c'est l'*instinct* seul alors qui fait agir; mais s'il lui arrive à la suite d'une détermination qui constitue la volonté d'agir, c'est, dans ce cas, l'*intelligence* même qui donne lieu à l'exécution de l'action.

Telle est la chaîne curieuse et intéressante qui

lie et embrasse les causes de toute action quelconque, de tout mouvement qu'exécutent les parties du corps qui sont dans la dépendance de l'individu, de toute formation d'idée, de toute pensée, de tout raisonnement que son intelligence opère. Partout, c'est un besoin préalable qui est la première cause de l'action, et partout aussi, c'est le *sentiment intérieur* qui la fait exécuter en dirigeant aussitôt le fluide nerveux où il est nécessaire.

On sait que, pendant le sommeil, nos sens cessent, en général, de recevoir, ou au moins de transmettre à l'intérieur, les impressions des agens externes, à moins que ces impressions ne soient très-fortes ou violentes. Dans cette circonstance, aucun besoin ne parvenant au *sentiment intérieur*, ce sentiment n'est point ému, et les parties du corps qui sont dans notre dépendance restent toutes en repos. Cependant, si, dans cette même circonstance, le fluide nerveux, agité, vient à traverser les traits imprimés de différentes de nos idées acquises, ces idées alors seront rendues présentes à l'esprit, et bientôt transmises au sentiment intérieur. Mais ce dernier ne les aura point dirigées, puisqu'aucun besoin ne les ayant précédées, ce ne sera pas lui qui les aura mises en action; aussi lui parviendront-elles, soit sans suite, soit en désordre, ainsi qu'on le remarque dans les *songes* ordinaires.

Enfin, qu'un objet ou une idée nous ait violemment émus, et même qu'une habitude particulière, à laquelle nous tenons fortement, attire presque continuellement notre pensée ; il peut en résulter un *besoin d'agir* assez grand pour propager son influence même jusque pendant notre sommeil. Alors nous agissons réellement, quoique non éveillés ; et, sans l'emploi des sens, l'instinct (le *sentiment intérieur*) dirige nos actions qui s'exécutent sans erreur. Ce fait, fort singulier, que rarement l'on a eu l'occasion d'observer, a donné lieu à ce que nous appelons le *somnambulisme* (non celui du magnétisme).

On a vu plus haut que j'admets *un foyer* particulier pour les pensées, un lieu où les idées viennent se réunir pour être rendues présentes à l'esprit ; et que je distingue ce foyer de celui *des sensations*, qui est véritablement placé ailleurs, quoique à une distance médiocre. Ces deux foyers, nécessairement séparés, communiquent l'un avec l'autre par une voie quelconque, et sont presque continuellement en relation. Le premier est le siége de ce qu'on nomme l'*esprit*, le lieu où se rassemblent les idées, où les différens actes de la pensée s'exécutent. Le deuxième est un centre de rapport pour l'exécution de la sensation ; et comme il communique, par les nerfs, avec toutes les parties du corps, il fait participer en entier l'être qui en est muni, à toutes les agitations, toutes les impressions qu'il reçoit. Or, ce centre de rapport est à la fois le siége du *sentiment intérieur* : c'est ce dont on ne saurait douter.

Il y a donc, pour les pensées, pour l'exécution des actes de l'*intelligence*, un lieu particulier, en un mot, un foyer tout-à-fait distinct du centre de rapport qui sert à effectuer les sensations, ou du lieu qui est le véritable siége du *sentiment intérieur*.

Effectivement, lorsque l'on réfléchit, que l'on médite profondément, on éprouve, par une perception intérieure fort distincte, que tous les actes de la pensée s'exécutent dans la partie supérieure et antérieure du cerveau, à peu près derrière le front ; et lorsqu'on a fixé trop longtemps de suite son attention sur des sujets qui appliquent ou qui intéressent fortement, on ressent dans cette partie de la tête un mal que le repos ou des distractions peuvent seuls dissiper. Certes, le *foyer des sensations*, qui est en même temps le siége du *sentiment intérieur*, n'est point situé dans cette partie de la tête où s'exécutent les pensées. On l'a tellement senti, que relativement aux deux sources particulières de nos actions, on les a distinguées sous les noms de l'*esprit* et du *cœur* : l'esprit amenant les déterminations qui constituent la *volonté ;* le cœur étant, par une supposition erronée, le siége du *sentiment*. J'ai montré, dans mes ouvrages, l'erreur que l'on commet en regardant le cœur comme étant le siége du sentiment, et que cet organe était seulement le premier affecté par les émotions que le *sentiment intérieur* éprouve dans certaines circonstances. Ce qu'il y a de très-vrai, c'est que le siége de ce dernier n'est pas le même que celui de l'esprit.

Que, par suite de l'imperfection de nos sens, de la ténuité ou de la mollesse des parties, etc., il soit impossible d'établir la nature, les formes, les divisions, les connexions et les placemens des objets qui pourraient constater ce dont il s'agit; il n'en est pas moins vrai que ces mêmes objets et que l'ordre que j'ai montré parmi eux existent réellement ; que la nature, étudiée et suivie dans ses moyens, les indique clairement ; que c'est à l'aide de cette étude et d'un ensemble d'observations et de conditions remarquées, toujours vérifiées par les faits, que je suis parvenu à leur découverte ; enfin, il n'en est pas moins certain que l'ordre de choses exposé ci-dessus, à l'égard du foyer de l'*esprit*, de celui du *sentiment intérieur*, des relations entre ces deux objets, et de la manière dont chaque besoin senti amène l'exécution de toute action quelconque, il n'en est pas moins certain, dis-je, que cet ordre de choses ne pourra jamais être solidement contesté, et qu'on ne le remplacera point par un autre qui soit plus conforme à l'observation et à la vérité.

Les choses étant ainsi, je poursuivrai mes développemens succincts sur ce sujet intéressant; et, relativement au foyer des sensations et par conséquent au siége du *sentiment intérieur*, je ferai la remarque suivante.

Pour que le *sentiment intérieur* puisse exécuter ses fonctions, de quelque ordre qu'elles soient, il faut que le fluide subtil qui remplit le foyer où ce sentiment réside, soit dans un état de calme ou à très-peu près; car si ce foyer est troublé ou agité, tout ce qui lui parvient alors est presque nul ou sans effet. Le sentiment intérieur ne fait plus ses fonctions ou les fait incomplètement, et une sensation ne peut plus se produire. Si l'agitation du foyer dont il est question est extrême, on perd géné-

18

ralement la faculté de sentir, ou au moins toute connaissance pendant la durée de cet état.

Ne sait-on pas que toute cause propre à produire une *sensation* se trouve à peu près sans effet, si elle agit lorsqu'une sensation plus forte s'exécute; qu'une grande douleur fait en quelque sorte disparaître une autre plus faible? Ne sait-on pas encore que lorsqu'on éprouve inopinément une grande frayeur, à l'instant, presque toutes les facultés sont suspendues; que dès que l'on se trouve dans quelque danger, ou qu'une cause quelconque impose fortement, l'on perd souvent une grande partie de la présence d'esprit; qu'enfin, lorsqu'un événement inattendu nous cause, soit une douleur extrême ou subite, soit une joie excessive, nous sommes singulièrement troublés dans les premiers instans? Or, ces différens faits auraient-ils lieu, si, dans les circonstances citées, le *sentiment intérieur*, fortement agité, ne se trouvait hors d'état d'exécuter ses fonctions ordinaires, et si, pendant cette agitation, notre présence d'esprit ne se trouvait elle-même suspendue par l'interruption de ses relations avec ce sentiment?

Qu'est-ce donc que la *présence d'esprit*, si ce n'est l'exécution libre des actes de la pensée, jointe à la communication, pareillement libre, de ces actes au *sentiment intérieur*, communication qui n'a lieu complètement que dans l'état calme de ce dernier !

Ayant montré que, sans des relations intimes entre l'*esprit* et le *sentiment intérieur*, aucune idée, aucune pensée ne serait ressentie, et que c'est le sentiment intérieur seul qui est la source, le premier mobile de l'exécution de tout mouvement dans notre dépendance, de toute action quelconque; enfin, ayant fait voir que c'est encore lui seul qui fait exécuter tout ce que la *volonté* détermine, comme toute action dont l'*instinct* est la cause; nous allons reprendre la suite de notre exposition et dire un mot de la quatrième sorte de facultés de l'intelligence.

4°. Que la quatrième sorte de facultés de l'*intelligence* étant celle d'exécuter, entre différentes idées présentes à l'esprit, une opération qu'on nomme *jugement*, on sent que celle-ci est réellement la plus importante des facultés intellectuelles, puisque c'est elle seule qui peut faire atteindre le but essentiel de l'intelligence, qui est de juger convenablement tous les objets considérés, toutes les actions utiles, en un mot, d'arriver à la connaissance de la *vérité* partout où elle peut être saisie.

Malheureusement, tous les actes de *jugement* sont assujettis, pour leur rectitude, à deux conditions de rigueur. Il faut, en effet, que l'individu qui veut porter son jugement sur un objet :

1°. Soit possesseur, parmi ses idées acquises, de toutes celles qui concernent l'objet à juger;

2°. Qu'il ait, en outre, assez exercé la faculté de se rendre présentes à l'esprit ses idées acquises, pour pouvoir facilement rassembler toutes celles qui y sont alors nécessaires.

Quiconque ne remplit pas à la fois ces deux conditions lorsqu'il juge quelque chose, fait nécessairement un jugement erroné. Il est dommage d'être fondé à remarquer que c'est là le cas de la plupart des jugemens de l'homme. Presque toujours présomptueux par amour-propre, presque toujours encore satisfait de ses connaissances, qu'il ne sait pas comparer avec celles qui lui manquent, on le voit, en général, prononcer, sans hésiter, sur quantité de sujets, de questions, etc., qui, relativement à ses idées acquises, par conséquent à ses lumières, sont hors de sa portée.

Quant à l'opération qui s'exécute entre différentes idées présentes à l'esprit, lorsqu'on juge un objet, j'en exposerai le mécanisme probable à l'article *jugement* ; et je dois en dire un mot à l'article *idée*, en traitant des idées complexes. Ici, je dirai seulement que cette opération, consistant en un mélange ou une réunion de traits en mouvement des différentes idées employées, doit, d'une part, constituer un ensemble de traits formant une image nouvelle, ensemble qui sera le rapport moyen ou le produit des idées mises en action; et, d'une autre part, faire ressortir les qualités, les particularités de l'objet considéré, en un mot, ce qui le caractérise.

Par cette opération, on aura d'abord la *perception* de l'image ou l'idée nouvelle que le *sentiment intérieur* fera bientôt imprimer dans l'organe, et par elle encore on aura, en outre, l'idée des qualités ou particularités qui appartiennent à l'objet jugé. En effet, presque toujours, le jugement que l'on porte sur un objet, se compose lui-même d'une multitude de jugemens particuliers exécutés en quelque sorte simultanément; et, comme l'on ne juge que par comparaison, qu'avec différentes idées présentes à l'esprit et qui sont les objets comparés, le jugement général, comme les jugemens particuliers, sont chacun les suites d'autant de comparaisons exécutées; enfin, toutes les idées qui en résultent sont aussitôt, par le pouvoir du *sentiment intérieur*, imprimées plus ou moins profondément dans l'organe, selon l'intérêt plus ou moins grand qu'elles inspirent.

Tant que la communication n'est point interrompue entre l'organe de l'*intelligence* et le sentiment intérieur, tant que l'organe cité n'est point lésé, que les idées acquises peuvent être rendues présentes à l'esprit, l'opération, en elle-même, est toujours assez juste; aussi en avons-nous le sentiment, et tenons-nous fortement au *jugement* que nous avons porté. Ce jugement est cependant une erreur si, pour l'exécuter, nous ne nous sommes pas trouvés dans le cas de remplir les deux conditions indiquées ci-dessus.

Pour l'homme, le *jugement* est quelquefois la plus éminente de ses facultés; celle qui, dans ses actes, peut le faire atteindre jusqu'aux pensées les plus relevées, jusqu'aux vérités les plus sublimes; et cependant, pour la plupart, c'est la plus chétive, la plus misérable des facultés; celle qui ne leur est utile qu'à l'égard d'un petit nombre d'objets relatifs à leurs habitudes, à leurs besoins ordinaires, et qui, à l'égard de tous les autres, ne fait que les abuser et les mettre à la merci de ceux qui veulent les tromper.

C'est une chose certaine que, parmi l'énorme

multitude d'individus de notre espèce qui existent, il ne peut y en avoir, en tout temps et partout, qu'un très-petit nombre qui puisse parvenir à juger convenablement les sujets compliqués de rapports différens, qui sont de toutes parts offerts à leur pensée, en un mot, qui puisse voir, dans tous les objets observables, ce que ces objets sont réellement; tandis que le plus grand nombre de ces individus, ceux, enfin, qui composent l'immense majorité de cette multitude, sont, de toute nécessité, réduits à ne juger profitablement pour eux, que les choses qui leur sont familières, qui concernent leurs besoins ordinaires, et dont les rapports peuvent être embrassés par les idées peu nombreuses et peu variées qu'ils possèdent. Pour apercevoir les causes de ce fait d'observation, il convient de donner quelque attention aux deux considérations suivantes :

Première considération : Le nombre des idées acquises, dans tout individu quelconque, est en raison directe de l'exercice qu'il a donné à ses facultés d'intelligence ; du temps dont il a pu disposer pour exercer et varier ses pensées; de la diversité des objets qu'il a considérés dans le cours de sa vie ; de la capacité d'attention qu'il a pu obtenir en s'habituant à l'exercer ; de son goût pour l'observation, la réflexion, la méditation ; enfin, de l'extension qu'il a pu donner à la faculté de se rendre présentes à l'esprit plusieurs idées à la fois ; et par suite, d'en pouvoir rassembler beaucoup, souvent très-différentes entre elles, dans sa pensée ;

Deuxième considération : Tout acte de jugement n'a de valeur ou de justesse, que lorsqu'il s'exécute à l'égard d'un sujet dont les rapports à saisir peuvent être tous embrassés par la pensée de l'individu, et sont du ressort de ses idées acquises.

Que l'on soumette ces deux considérations à l'état où la civilisation, dans chaque pays, a placé les hommes qui l'habitent, et l'on y trouvera, parmi ces hommes, l'existence évidente d'une *échelle de degrés* relative à leur intelligence, échelle qui sera d'autant plus grande, c'est-à-dire, qui aura ses limites d'autant plus écartées, dans tel pays, que la civilisation y sera plus avancée. J'ai déjà parlé de cette échelle ; mais je vais la considérer encore, en donnant de nouveaux développemens à ce que j'ai dit à son sujet, et y ajoutant quelques conséquences importantes.

Échelle des degrés d'intelligence parmi les individus d'un pays où la civilisation existe.

— Dans tout pays où la civilisation existe, et surtout dans ceux où elle a fait de grands progrès, on observe constamment, parmi les hommes qui y habitent, une *échelle de degrés* à l'égard de l'intelligence des individus. Pour parvenir à trouver la raison de ce fait, il peut être utile de donner quelque attention aux considérations suivantes :

Dans la nature, les animaux, vivant dans l'état sauvage, sont indépendans; et, dans toutes leurs espèces, les individus ont les mêmes facultés, et à peu près dans le même degré. Il n'y a entre eux, à cet égard, d'autres différences que celles qui tiennent à leur état physique, leur sexe, leur âge, leurs forces, leur état de santé, etc.

L'homme, sans doute, vécut primitivement dans l'état sauvage, puisqu'en certaines contrées, on le retrouve encore offrant quelques restes de cet état, dans sa manière de vivre. Probablement, lorsqu'il était entièrement dans ce même état, son intelligence très-bornée, comme ses besoins, ne présentait guère d'autres différences, dans les individus, que celles qui résultaient de l'état physique de chacun d'eux, de la force, de la vivacité, de l'énergie des uns, ou de la faiblesse et de l'indolence des autres. S'il se trouvait des différences dans le développement de leurs facultés intellectuelles, elles étaient, sans doute, renfermées dans des limites fort resserrées.

C'est un fait, maintenant bien constaté, que, dans tout pays où la civilisation fut établie, et où le fut, par conséquent, le système des propriétés, il s'est formé, peu à peu, dans la situation des hommes qui l'habitent, une différence qui devint, avec le temps, d'autant plus considérable que la civilisation dont il s'agit avait fait plus de progrès. Une inégalité graduelle dans la possession des propriétés, des richesses et du pouvoir, fut partout le produit de cet ordre de choses. L'immense multitude fut réduite à la pauvreté, fut privée des moyens de s'instruire, et n'eut d'autre ressource, pour son existence, que celle que lui donnèrent des travaux grossiers et pénibles qui, en employant tout son temps, bornèrent considérablement ses idées.

On sait assez que des situations progressivement plus avantageuses, furent, dans ce même ordre de choses, le partage de ceux qui eurent plus d'activité, plus d'industrie, plus de courage. Ces situations plus heureuses leur permirent, proportionnellement, d'accroître leurs moyens de commodité ou d'agrément; de satisfaire à leurs besoins multipliés; d'augmenter leurs relations; d'acquérir plus d'instruction; d'agrandir davantage le cercle de leurs idées; quelquefois même, à l'aide de certaines circonstances, de multiplier et de varier considérablement ces idées.

Enfin, dans les situations les plus relevées de la société, les richesses, les dignités, le pouvoir, étendent singulièrement les relations sociales des hommes qui les possèdent, et les entraînent à multiplier presque infiniment leurs besoins, et par suite leurs idées. Ce serait donc là que les facultés intellectuelles les plus développées devraient se rencontrer : ce qui, effectivement, s'observe quelquefois. Mais cela n'est pas toujours constant, parce que les penchans de l'homme le portant à jouir, dès qu'il en a le pouvoir, il préfère son bien-être et ses plaisirs, lesquels emploient presque tous ses momens, à l'avantage d'accroître ses lumières. Examinons maintenant ce qui résulte de l'ordre de choses que je viens d'indiquer rapidement.

Puisque nous ne pouvons acquérir des idées qu'à l'aide de l'attention, de l'observation, de la réflexion; que nous ne multiplions ces idées qu'en variant les sujets de nos remarques, de nos pensées; que notre intelligence ne développe ses facultés qu'à mesure que nous l'exerçons davantage ; et que, pour tout cela, il faut un temps suffisant à notre disposition, et à la fois des circonstances qui y soient favorables.

Puisque ensuite, l'état où la civilisation, dans chaque pays, a placé les hommes qui y habitent, et a donné lieu à des différences progressivement plus considérables dans leur situation, relativement à leur condition, leurs possessions, leur pouvoir, le libre emploi de leur temps, etc.

Puisque enfin, la position des individus, dans un pays civilisé, prive les uns (et c'est l'immense multitude) de temps libre et de moyens pour s'instruire; qu'elle en donne graduellement davantage à d'autres qui sont en nombre de plus en plus inférieur ; qu'en un mot, il s'en trouve d'autres encore, mais en nombre beaucoup moindre, qu'une réunion de circonstances favorables met dans le cas d'étendre considérablement leurs connaissances, de multiplier et varier presque infiniment leurs idées, d'élever leurs pensées, et de donner à leur intelligence des développemens en quelque sorte extraordinaires.

Il s'ensuit donc que, parmi les habitans d'un pays civilisé, l'on doit reconnaître, comme étant un fait positif, l'existence d'une *échelle de degrés* dans leur intelligence ; que cette échelle sera très-considérable en étendue, si la civilisation, dans le pays dont il s'agit, est ancienne et a fait de grands progrès; et qu'à ses deux extrémités appartiendront les hommes les plus dissemblables, relativement à l'état de leurs facultés intellectuelles, de celle surtout de *juger*. En effet, dans les degrés inférieurs de cette même échelle, se trouvera nécessairement cette multitude d'hommes réduits à un cercle d'idées fort étroit, et qui forment la masse principale de la population; tandis que les degrés suivans offriront des exemples de supériorité d'intelligence, dans différens individus, selon les circonstances de leur situation, leurs relations, etc., dans la société; et que, dans les degrés qui terminent l'échelle, se trouveront les hommes les plus éclairés, les plus profonds, ceux dont le jugement a le plus de rectitude, ceux, en un mot, qui font l'honneur de leur siècle et de l'humanité.

Conséquences de cet ordre de choses. — *L'échelle* des différens degrés d'intelligence, parmi les hommes qui composent une population civilisée, offre, effectivement, un grand nombre de conséquences graves, sans lesquelles beaucoup d'actions humaines ne sauraient être expliquées. Je n'en indiquerai que les suivantes:

1°. L'infériorité d'intelligence des individus qui forment la très-grande majorité d'une population, rend ces individus incapables de reconnaître leurs intérêts généraux, leurs droits naturels, et les met constamment à la merci de ceux qui sont plus adroits, ainsi que des intérêts personnels des puissans. On les mène et on les satisfait aisément avec des mots, des prestiges et des préventions adroitement entretenues;

2°. Le degré de l'échelle auquel un individu appartient, d'après l'état de ses facultés intellectuelles, c'est-à-dire, d'après celui de ses connaissances, le nombre de ses idées, etc., le met hors d'état de saisir et d'apprécier les pensées, les raisonnemens, ainsi que les conséquences de ceux qui, appartenant à des degrés supérieurs de la même échelle, ont pu embrasser un ensemble de rapports qu'il n'est pas au pouvoir de l'individu dont il s'agit, de rassembler. De là, l'impossibilité de réunir les opinions sur toute question considérée, celle même de faire reconnaître la *vérité* partout où on la découvre;

3°. Un individu très-exercé sur un sujet quelconque, sur un sujet vaste même, mais circonscrit, peut donner, dans le jugement qu'il porte sur ce sujet, la preuve de son habileté et de son savoir dans les détails de la partie qui a fait l'objet de ses observations et de ses études. Cependant, s'il a peu varié ses idées et ses connaissances, s'il est resté étranger à la plupart de celles que l'homme a pu acquérir ailleurs, il n'occupera réellement qu'un degré d'une élévation médiocre dans l'échelle dont il vient d'être question; son jugement, hors des objets qui ont uniquement attiré son attention, sera en général de peu de valeur; il liera mal ses connaissances avec celles qui appartiennent à des sujets différens, et sera même hors d'état de reconnaître ou de fonder la vraie philosophie de la science qu'il cultive;

4°. Dans toute réunion, toute assemblée délibérante, comme ceux qui la composent, présentent entre eux, nécessairement, une portion de l'échelle, relativement au développement de leur intelligence; c'est presque toujours dans une minorité de cette réunion ou assemblée, que se trouvent le plus de sagesse, les vues les plus profondes, les pensées les plus justes, les jugemens les plus solides. Plus l'assemblée sera nombreuse, plus, conséquemment, la valeur de ses décisions, par la pluralité des voix, sera exposée, etc.

Quelque relevées et admirables que soient les facultés dont la réunion constitue l'*intelligence*; quelque éminence qu'elles puissent acquérir dans les hommes qui les possèdent à un haut degré; quelque avantageux, importans même que puissent être alors leurs résultats, ceux-ci, néanmoins, n'auront jamais une influence aussi étendue qu'il semblerait qu'on dût le supposer. Les facultés dont il est question, ne se développant et n'obtenant de valeur qu'à mesure qu'elles sont plus exercées, c'est-à-dire, que par une grande habitude d'observer, de comparer, de juger, de méditer sur tout ce que les faits, attentivement suivis, ont pu faire connaître ; ces facultés, dis-je, ne peuvent être et ne seront toujours le partage que d'un très-petit nombre d'individus, relativement à la masse de ceux qui composent l'espèce humaine. Il s'ensuit, nécessairement, que ce petit nombre ne peut et ne pourra, dans tous les temps, opposer un obstacle suffisant aux maux de toutes sortes qu'entraîne à sa suite l'ignorance; maux qu'aggravent encore ceux qui, trouvant leur intérêt à les entretenir, emploient, à cet effet, et les moyens que leur donne l'avantage de leur situation, et ceux que leur fournissent indirectement les lumières elles-mêmes. Aussi, dans tout pays civilisé, l'immense majorité de ses habitans sera-t-elle toujours à la merci d'une minorité dominante qui, selon ses sentimens, ses penchans ou ses passions, mettra tout en usage pour en tirer le parti le plus convenable à ses intérêts! On peut donc conclure, de tout ceci, que les lumières n'étant que l'apanage d'un petit nombre, n'empêcheront jamais l'existence de l'état de choses qui vient d'être mentionné; mais, en même temps, on est fondé à reconnaître que le progrès de ces lumières, au moyen de son influence sur l'opinion, peut avoir, du moins, l'avantage considérable de retenir ceux d'entre les hommes qui, par suite des penchans que la nature a donnés également à tous, pourraient être tentés d'abuser, d'une manière excessive, du pouvoir dont ils seraient possesseurs.

Je bornerai ici cet article, quoiqu'il offre un champ fertile en observations curieuses et du plus grand intérêt. Je dirai seulement que l'*intelligence*, ne pouvant obtenir le développement de ses facultés qu'à mesure que l'on exerce celles-ci davantage, est en cela fort différente de l'*instinct* qui reste le même en nature et en intensité de moyens, pendant le cours de la vie de l'individu.

Extr. du nouv. Dict. d'Hist. nat., édition de Déterv.

CHAPITRE PREMIER.

Des Idées.

L'IDÉE est un phénomène organique, résultant d'une impression, plus ou moins long-temps subsistante, faite dans l'organe de l'intelligence, et dont la perception en nous est à notre disposition dans la veille et dans l'état de santé.

Ce phénomène, du premier ordre, le plus admirable de ceux auxquels l'organisation ait pu parvenir, fait la base et le sujet de tout ce qui constitue ce qu'on nomme *intelligence* dans les êtres qui en sont doués, en un mot, de tous les actes intellectuels. Comme tous les autres phénomènes organiques, l'intégrité de celui dont il s'agit ici, est toujours dépendante de celle des organes qui y donnent lieu.

Non-seulement cet admirable phénomène s'observe généralement dans l'homme, en qui le nombre et la diversité des *idées* qu'ont pu acquérir les individus de son espèce, s'offrent en une échelle de degrés d'une étendue immense, la limite supérieure de cette échelle ne pouvant être assignée ; mais on l'observe aussi dans certains animaux, quoique dans des limites fort resserrées, et l'on en obtient des preuves par les actions qu'on leur voit exécuter, ainsi que par les songes qu'on leur voit faire.

L'éminent phénomène organique qui constitue l'*idée*, est, dans sa source, le produit immédiat d'une sensation sur laquelle l'attention s'est fixée, et résulte nécessairement d'une impression subsistante, faite dans l'organe qui est propre à la recevoir. Cette impression n'est autre chose que la trace d'une image, de celle de l'objet qui a donné lieu à la formation de l'impression dont il s'agit. Or, chaque fois que le *fluide nerveux*, mis en mouvement, traverse toutes les parties de cette image, il y excite une sensation obscure ou un ébranlement particulier, qui se transmet aussitôt à l'*esprit*, au foyer où s'exécutent les pensées, les actes intellectuels.

Ainsi, l'*idée* n'est autre chose que l'image obscure d'un objet, rapportée ou rendue présente à l'esprit de l'individu, chaque fois que le fluide nerveux, mis en mouvement, traverse les traits de cette image ; traits qui sont imprimés dans l'organe particulier, propre à l'exécution des actes d'intelligence.

Si l'on rassemble tout ce que l'observation

et l'induction ont pu nous apprendre à l'égard de l'*idée*, on sentira que la définition que je viens d'en donner, est la seule qui soit propre à faire concevoir la nature de ce phénomène organique ; car elle s'accorde partout avec les faits observés. Si l'impression des objets qui ont fixé notre attention, n'était pas conservée dans l'organe, la mémoire n'aurait point lieu, les songes ne retraceraient pas à l'esprit différentes *idées* acquises, nous ne retrouverions pas ces mêmes *idées* en désordre, dans les délires que certaines maladies nous causent.

L'*idée* n'est assurément point un objet métaphysique, comme beaucoup de personnes se plaisent à le croire ; c'est, au contraire, un phénomène organique et conséquemment tout-à-fait physique, résultant de relations entre diverses matières, et de mouvemens qui s'exécutent dans ces relations. S'il en était autrement, si l'*idée* était un objet métaphysique, aucun animal n'en posséderait une seule, nous-mêmes n'en aurions aucune connaissance, et nous ne l'observerions ni en nous, ni dans d'autres ; car c'est une vérité incontestable, que nous ne pouvons observer que des corps, que les propriétés des corps, que les phénomènes de mouvement, de changement, etc., que produisent ces corps dans leurs relations.

Si l'on en excepte les jugemens de l'homme, ses raisonnemens, ses conséquences, en un mot, ses principes dans les sciences et en morale, qu'il a considérés comme des objets métaphysiques, tandis que ce ne sont, au contraire, que des résultats de ses actes d'intelligence; ce mot *métaphysique*, créé par son imagination, et par abstraction de ce qui est physique, n'exprime pour lui rien de positif. L'homme ne peut avoir, effectivement, aucune notion directe et certaine d'objet qu'il puisse y rapporter. Ce que la suprématie de cet être intelligent a pu faire à son égard, et qui le distingue de tous les autres, c'est d'avoir élevé sa pensée jusqu'à son sublime auteur. Hors de là, il se trouve exclusivement réduit à l'observation de la nature, de tous les faits qu'elle lui présente, et de ce qu'il est lui-même, sans parvenir néanmoins à se connaître, ayant en lui des penchans qui s'y opposeront toujours.

Ainsi, quoiqu'il y ait des illusions qui puissent plaire davantage, je vais continuer d'exposer ce que l'observation m'a appris à l'égard du sujet dont je traite.

Si les *idées* sont des phénomènes d'organisation, elles doivent être dépendantes de l'état de l'organe où elles se forment, et, en outre, des conditions doivent être nécessaires à leur formation. On verra que c'est précisément ce que l'observation confirme; et, probablement, cette harmonie entre les faits observés et les lois physiques qui seules peuvent y donner lieu, fera sentir combien est fondée l'allégation qui présente les *idées* comme des phénomènes purement organiques. Mais, auparavant, il convient de rappeler ici deux principes que j'ai posés dans ma *Philosophie zoologique* (vol. 2, pag. 439), parce qu'ils constituent les bases de tout sentiment admissible à cet égard.

Premier principe. Tous les actes intellectuels quelconques prennent naissance dans les *idées*, soit dans celles que l'on acquiert dans l'instant même, soit dans celles déjà acquises; car, dans ces actes, il s'agit toujours d'*idées*, ou de rapports entre des *idées*, ou d'opérations qui s'exécutent avec des *idées*.

Deuxième principe. Toute *idée* quelconque est originaire d'une sensation, c'est-à-dire, en provient directement ou indirectement.

De ces deux principes, le premier se trouve pleinement confirmé par l'examen de ce que sont réellement les différens actes de l'intelligence; et, en effet, dans tous ces actes, ce sont toujours les *idées* qui sont le sujet ou les matériaux des opérations qui les constituent.

Le second de ces principes avait été reconnu par les anciens, et se trouve parfaitement exprimé par cet axiome dont *Locke* ensuite nous a montré le fondement; savoir: *qu'il n'y a rien dans l'entendement qui n'ait été auparavant dans la sensation.*

Il s'ensuit que toute *idée* doit se résoudre, en dernière analyse, en une représentation sensible, c'est-à-dire, qu'on doit toujours en trouver la source dans une sensation. On n'en connaît, effectivement, aucune qui ait une source différente; ce que je crois avoir prouvé dans ma *Philosophie zoologique* (vol. 2, pag. 411), où j'ai montré que l'imagination de l'homme, quoiqu'elle paraisse en quelque sorte sans bornes, ne pouvait créer une seule *idée* sans employer, comme matériaux, quelques-unes de celles obtenues par la sensation, ou en d'autres termes, sans modifier ou transformer arbitrairement quelques-unes de celles que les sens lui ont procurées. Voyez, dans l'*Introduction de l'Histoire nat. des animaux sans vertèbres* (vol. 1, pag. 336) ce qui concerne le *champ de l'imagination.*

En effet, toute *idée*, soit simple, soit complexe, résulte d'une image tracée ou imprimée dans l'organe de l'entendement. Dans l'*idée* simple, l'image imprimée est celle de l'objet qui a fait la sensation remarquée; et dans l'*idée* complexe, l'image se trouve composée de la réunion de plusieurs autres qui y sont toujours très-distinctes: en sorte que, dans toute *idée* quelconque, on retrouve toujours les traits d'objets connus par la sensation.

Cependant on n'a pas encore généralement admis l'axiome cité ci-dessus; car plusieurs personnes observant des faits dont elles n'aperçurent point les causes, pensèrent qu'il y avait réellement des *idées innées*. Elles se persuadèrent en trouver des preuves dans la considération de l'enfant qui, peu d'instans après sa naissance, veut téter et semble chercher le sein de sa mère, dont néanmoins il ne peut avoir connaissance par des *idées* nouvellement acquises.

Sans doute, l'enfant dont il s'agit, ne connaît point encore le sein de sa mère, n'en a nullement l'*idée*. Mais, ce qu'on ignorait probablement, c'est qu'une pareille *idée* ne lui est pas nécessaire pour donner lieu aux faits qu'on lui voit alors produire. Son *sentiment intérieur* lui suffit; et ce sentiment, qui n'emploie jamais d'*idées* dans ses actes, est le propre de l'organisation de l'individu, et ne s'acquiert point. Or, ce même sentiment, ému par le besoin, lui fait faire machinalement des mouvemens divers, pour saisir avec la bouche ce qu'il peut rencontrer. Il prend donc le sein de sa mère, dès qu'on le lui présente, comme il prendrait celui de toute autre, ou tout autre corps; et il le fait sans l'emploi d'aucune *idée*, d'aucune pensée, mais uniquement par un acte de l'*instinct*. *Voyez* ce mot.

A l'égard des êtres intelligens, dans quelque degré qu'ils soient dans le cas de l'être, l'*instinct* leur tient lieu de tout, dans les premiers temps de la vie. Ce n'est que peu à peu qu'ils acquièrent des *idées*, à mesure qu'ils donnent de l'attention aux sensations qu'ils éprouvent. Ce n'est aussi que peu à peu qu'ils emploient leurs *idées* acquises, qu'ils comparent les objets remarqués, et qu'ils s'exercent à juger ces objets. Aussi leur jugement a-t-il d'autant plus de rectitude que l'exercice de cette faculté est plus ancien pour eux.

Je reconnais donc, comme un principe fondamental, comme une vérité incontestable, qu'il n'y a point d'*idées innées*; que toute *idée* quelconque a été acquise après les premiers actes de la vie, et qu'elle provient, soit directement, soit indirectement, de sensations éprouvées et remarquées.

Avant de montrer comment il est probable que se forment les *idées*, et quelles sont les conditions nécessaires à leur formation, je dois prévenir que tous les actes d'intelligence, qui s'exécutent dans un individu, sont essentiellement le produit de la réunion des causes suivantes ; savoir :

1°. De la faculté de *sentir* ;

2°. De la possession d'un organe particulier pour l'intelligence ;

3°. Des relations qui ont lieu entre cet organe et le fluide nerveux qui s'y meut diversement ;

4°. Enfin, de ce que les résultats de ces relations se rapportent toujours au foyer des pensées (à l'esprit), lequel communique avec celui des sensations, et par suite au *sentiment intérieur* de l'individu.

Telle est la chaîne dont toutes les parties doivent être en harmonie pour que les *idées*, ainsi que les opérations qui s'exécutent entre elles, puissent se former ; telle est aussi la réunion des causes physiques essentielles à la production du plus admirable des phénomènes de la nature.

Or, comme tous les phénomènes organiques qui constituent l'intelligence, ne sont pour nous des merveilles que parce que nous n'en avons pas aperçu les causes naturelles, ou que nous n'avons pu étudier à fond l'organe propre à leur production; que, cependant, tous ces phénomènes ont pour base des *idées*; qu'à leur égard il ne s'agit toujours que d'*idées*, que d'opérations qui s'exécutent entre ces *idées*; j'ai dû, avant d'examiner ce que sont les *idées* elles-mêmes, montrer comment la nature avait amené progressivement, d'abord les organes qui peuvent donner lieu aux sensations, ainsi qu'au sentiment intérieur des animaux sensibles, ensuite ceux qui sont essentiels à la production des *idées* dans les animaux intelligens. N'étant pas nécessaire de répéter ici ces considérations, je renvoie à la *Philosophie zoologique* (vol. 2, page 353 et suiv.), où elles sont exposées, et je me borne à examiner comment une *idée* peut se former, et dans quel cas une sensation peut la produire.

Afin que l'on puisse concevoir comment une *idée* peut se former, il faut, avant tout, faire connaître la condition essentielle à la formation de toute *idée* quelconque.

Condition essentielle à la formation des idées. — Un acte organique préparatoire, exécuté par le sentiment intérieur de l'individu, lorsqu'un besoin l'y provoque, est absolument nécessaire à la formation de toute *idée* et de tout acte d'intelligence. Cet acte, auquel nous avons donné le nom d'*attention*, que nous remarquons facilement, et dont nous n'avons jamais recherché la nature, n'est point une sensation, une *idée*, une opération intellectuelle quelconque : c'est une simple contention des parties de l'organe, qui met celui-ci dans le cas de recevoir l'impression essentielle à la formation de l'*idée*, et qui seule lui donne le pouvoir d'exécuter toute autre opération de l'intelligence.

Pendant la veille, nos sens, tous ou la plupart, frappés par tous les objets qui nous environnent, reçoivent nécessairement des impressions diverses de tous côtés. Ces impressions néanmoins ne forment pas en nous des *idées* : nous voyons les objets, nous entendons les bruits et les sons, nous touchons même les corps et cependant toutes ces impressions que nos sens reçoivent, peuvent être sans résultat pour notre intelligence, et avoir lieu sans nous donner une seule *idée*. Mais si, à la provocation d'un besoin, notre sentiment intérieur exécute l'acte préparatoire aux opérations intellectuelles, ou, en d'autres termes, si nous nous mettons en état d'*attention*, et si nous fixons cette attention sur un objet quelconque qui frappe nos sens, dès lors une ou plusieurs *idées* se forment en nous; les impressions que nous recevons, par la voie de la sensation, ne sont plus sans résultat; elles parviennent dans notre organe, y rapportent les images des objets qui nous ont affectés, les y tracent plus ou moins profondément; et alors nous avons la faculté de rendre sensibles ou présentes à l'esprit, les *idées* qui en résultent. Par la suite, quoique les objets remarqués ne soient plus présens, comme leurs impressions sont gravées dans notre organe, que leur image y est tracée, nous avons encore, pendant un temps plus ou moins long, la faculté de nous les rappeler par la *mémoire*, c'est-à-dire, de rendre leur image sensible à notre esprit, par un acte que nous nommons *pensée*.

Ainsi, pour que les traits ou l'image de l'objet qui a causé la sensation puissent parvenir dans l'organe de l'entendement et être imprimés sur quelque partie de cet organe, il faut que l'acte qu'on nomme *attention*, prépare l'organe à en recevoir l'impression, ou que ce même acte ouvre la voie qui peut faire arriver le produit de cette sensation à l'organe sur lequel peuvent s'imprimer les traits de l'objet qui y a donné lieu ; et pour qu'une *idée* puisse parvenir ou être rappelée à la *conscience*, il faut, à l'aide encore de l'attention, que le fluide nerveux en rapporte les traits, ou excite le rapport de ces traits à l'esprit de l'individu ; ce qui alors lui rend cette idée présente ou sensible, et ce qui peut se répéter ainsi, au gré de cet individu, pendant un temps plus ou moins long. *Philosophie zoologique*, , vol. 2, page 376.

Jusqu'ici, je n'ai eu en vue que de signaler la condition de rigueur, pour que la formation d'une *idée* et de toute opération de l'intelligence puisse avoir lieu ; or, cette condition est assurément l'*attention*.

Je puis, en effet, prouver que, lorsque l'organe de l'entendement n'est pas préparé par cet effort du sentiment intérieur qu'on nomme *attention*, aucune sensation n'y peut parvenir ; ou, si quelqu'une y parvient, elle n'y imprime aucun trait, ne fait qu'effleurer l'organe, ne produit point d'*idée*, et ne rend point sensible aucune de celles qui s'y trouvent tracées.

Lorsque notre pensée est fortement occupée de quelque chose, quoique nos yeux soient ouverts et continuellement frappés par la lumière que les objets extérieurs, qui sont devant nous, y envoient en la réfléchissant, nous ne voyons aucun de ces objets, ou plutôt nous ne les distinguons pas, parce que l'effort qui constitue notre *attention*, dirige alors la portion disponible de notre fluide nerveux sur les traits des *idées* qui nous occupent, et que la partie de notre organe qui est propre à recevoir l'impression des sensations que ces objets extérieurs nous font éprouver, n'est point alors préparée à recevoir ces sensations. Aussi, dans ce cas, les objets extérieurs qui frappent de toutes parts nos sens, ne produisent en nous aucune *idée*.

Ce que je viens de dire, à l'égard des objets qui frappent nos yeux, et que nous ne distinguons point lorsque nous sommes fortement préoccupés de quelque chose, de quelque pensée, a aussi parfaitement lieu, dans cette circonstance, relativement aux bruits ou aux sons qui frappent nos oreilles. Les impressions que nous font ces sons ou ces bruits, ne parviennent point jusqu'à notre organe d'intelligence, parce qu'il n'est pas préparé à les recevoir; et nous ne les distinguons pas. Si, en effet, dans ce moment de préoccupation, quelqu'un nous parle, quoique distinctement et à haute voix, nous entendons tout, et cependant nous ne saisissons rien, et nous ignorons entièrement ce que l'on nous a dit.

Qui ne connaît cet état de préoccupation auquel on a donné le nom de *distraction*, et pendant lequel toutes les impressions que nos sens reçoivent, sont réellement sans résultat pour notre intelligence, puisqu'elles n'y parviennent pas !

Mais, dès que notre sentiment intérieur, ému par un besoin ou un intérêt particulier, vient tout à coup à exciter notre *attention* sur un objet qui frappe tel de nos sens, à préparer le point de notre organe qui est propre à en recevoir la sensation, à en graver les traits dans ce même organe, alors nous obtenons aussitôt une *idée* quelconque de cet objet.

Dans ma *Philosophie zoologique* (vol. 2, chap. 7), j'ai développé plus au long cette théorie tout-à-fait physique des fonctions de l'organe qui sert à l'entendement ; et il est évident qu'il n'y a là rien qui ne soit accessible à l'intelligence humaine, qui ne soit fondé sur des faits d'observation, et qui soit réellement *métaphysique*. Si des préventions, favorisées sans doute par certains intérêts, n'eussent entraîné à penser le contraire, les *idées* que je présente aujourd'hui sur ces objets, seraient probablement moins nouvelles, et paraîtraient moins extraordinaires.

Il n'y a donc que les sensations remarquées, que celles sur lesquelles l'*attention* s'est arrêtée, qui fassent naître des *idées ;* et celles-là sont du premier ordre ou *primaires*, parce que ce sont elles qui ont donné lieu à la formation de toutes les autres.

J'étais donc fondé en raison, lorsque j'ai dit que, si toute *idée* provenait, au moins originairement, d'une sensation, toute sensation ne donnait pas nécessairement une idée, puisqu'il n'y a que les sensations remarquées qui soient dans ce cas.

Les animaux à mamelles (les *mammifères*) ont les mêmes sens que l'homme, et reçoivent, comme lui, des sensations de tout ce qui les affecte. Mais, comme ils ne s'arrêtent point à la plupart de ces sensations, qu'ils ne fixent point leur attention sur elles, et qu'ils ne remarquent que celles qui sont immédiatement relatives à leurs besoins habituels, ces animaux n'ont qu'un petit nombre d'*idées* qui sont toujours à peu près les mêmes. Il faut des circonstances extraordinaires à leur égard, pour les mettre dans le cas de varier leurs actions, et d'accroître un peu plus le nombre de leurs *idées*. Ainsi, à l'exception des objets qui intéressent leurs besoins ordinaires, tous les autres sont comme nuls pour ces animaux. La nature n'offre à leurs yeux aucune merveille, aucun objet de curiosité, en un mot, aucune chose qui les intéresse, si ce n'est ce qui sert directement à leurs besoins, à leur bien-être. Ils voient tout le reste sans le remarquer, sans y fixer leur attention, et conséquemment n'en peuvent acquérir aucune *idée*.

Le dirai-je! que d'hommes aussi, pour qui presque tout ce que la nature présente à leurs sens, se trouve à peu près nul ou comme sans existence pour eux, parce qu'ils sont, à cet égard, sans attention, comme les animaux! Que d'hommes qui, par suite du peu d'emploi qu'ils font de leurs facultés, bornant leur *attention* à un petit nombre d'objets qui les intéressent, n'exercent que très-peu leur intelligence, ne varient presque point les sujets de leurs pensées, n'ont réellement qu'un petit nombre d'*idées*, et sont fortement assujettis au pouvoir de l'habitude!

Faut-il donc s'étonner, maintenant, si l'échelle des divers degrés d'intelligence des individus de l'espèce humaine, quoique ces individus aient tous les mêmes organes et au même degré de composition, offre, entre ses limites, une étendue si considérable, dès que les facultés des organes sont partout en raison de l'emploi qu'on en fait, c'est-à-dire, selon que ces organes sont plus ou moins exercés! Dira-t-on que le cerveau de cet homme de peine, qui passe sa vie à maçonner des murs ou à porter des fardeaux, soit inférieur en composition ou en perfectionnement, à celui que possédèrent Montaigne, Bacon, Montesquieu, Fénélon, Voltaire, etc., malgré la différence infinie que l'on trouve entre l'intelligence dont ces hommes célèbres furent doués, et celle de l'homme du peuple que je viens de citer.

Assurément, elle est bien grande cette échelle des différens degrés en intelligence, en *idées* acquises, en étendue, profondeur et rectitude de jugement, dans laquelle chacun, selon sa position, son état, ses habitudes et les circonstances dans lesquelles il s'est rencontré, se trouve placé réellement, ayant sa mesure avec laquelle il juge définitivement, pour lui, tout ce qu'il considère.

Je reviens à mon sujet, à celui qui est relatif aux *idées*, à leur nature et à leur formation. Or, pour éclaircir convenablement ce sujet, je vois qu'il importe de distinguer les *idées* en deux sortes essentielles ; savoir :

1°. Celles qui proviennent immédiatement de la sensation ;

2°. Celles qui résultent d'opérations qui s'exécutent entre des *idées* déjà acquises.

Ayant montré que les unes et les autres exigent

une condition pour pouvoir se former, et que c'est l'*attention* qui constitue cette condition de rigueur, je vais essayer d'exposer succinctement le mécanisme probable de leur formation.

Des idées primaires ou de celles qui proviennent immédiatement de la sensation. — Les *idées primaires* sont évidemment les premières que nous parvenions à acquérir; et, dans le cours de notre vie, nous nous en formons de cette sorte chaque fois que l'occasion s'en présente et que nous ne négligeons pas de la saisir. Telles sont celles que nous obtenons par la voie des sensations, conséquemment par celle de l'observation: ce sont elles qui nous donnent la connaissance des faits observés, des corps que nous avons remarqués, de leurs qualités, leurs caractères, et des phénomènes qu'ils peuvent nous présenter. Les *idées* que nous nous formons de ces objets sont, pour nous, les plus positives, celles sur lesquelles nous pouvons le plus compter; et comme nous ne les obtenons que par l'observation, conséquemment que par la voie des sensations, il ne s'agit plus que de rechercher comment elles se forment.

Je crois avoir prouvé ci-dessus que, quoique tout ce qui nous environne agisse sans cesse sur nos sens, pendant la veille, toutes celles de ces actions que nous ne remarquons pas, c'est-à-dire, sur lesquelles nous ne portons pas notre *attention*, sont véritablement sans résultat pour notre intelligence. Voyons maintenant ce qui arrive, lorsque nous fixons notre attention sur telle de ces impressions que nos sens reçoivent.

Lorsque, par un intérêt quelconque, qui constitue aussitôt un besoin pour nous, nous arrêtons notre attention sur la présence d'un corps, ou sur l'exécution d'un fait dont nous recevons la sensation par l'un de nos sens, aussitôt notre sentiment intérieur ému, excite à la fois une contention particulière dans l'organe qui constitue le sens affecté, et dans celui de l'intelligence. A l'instant, le sens qui reçoit la sensation, se fixe plus fortement sur l'objet qui l'affecte, devient plus susceptible d'en recevoir l'impression entière, et transmet aussitôt cette impression dans la partie du cerveau qui est préparée à la recevoir. Alors, les traits ou l'image de l'objet s'impriment dans l'organe de l'intelligence, l'*idée* se trouve complètement formée, et le fluide nerveux, par ses mouvemens sur ces traits gravés, en excite le rapport à l'esprit de l'individu.

L'objet dont nous avons acquis l'*idée* n'étant plus présent, si, pendant la veille, quelque intérêt nous porte à nous le rappeler, aussitôt notre sentiment intérieur met le fluide nerveux en action, et le dirige dans la partie de l'*encéphale* où les traits de cet objet sont imprimés; ce fluide alors les traverse et en excite le rapport à l'esprit de l'individu; ce qui y rend l'*idée* sensible, quoique d'une manière fort obscure. Telle est la faculté à laquelle nous avons donné le nom de *mémoire*.

Enfin, comme, pendant le sommeil, notre sentiment intérieur ne dirige plus les mouvemens du fluide nerveux, si quelque cause d'agitation met alors en mouvement ce fluide, à mesure qu'il traverse les traits imprimés de différentes de nos *idées* acquises, il en excite encore le rapport à notre pensée, mais d'une manière presque toujours désordonnée : telle est la cause de ce que nous appelons des *songes;* et nous ne sommes pas les seuls êtres qui en éprouvions.

Si les *idées* ne se trouvaient point gravées dans notre organe, elles n'auraient aucune permanence hors de la présence des objets qui y ont donné lieu; nous n'aurions point d'*idées* acquises; dans l'absence des objets, nous serions privés de *mémoire;* pendant un sommeil agité, nous ne formerions point de *songes;* en un mot, dans la *folie,* ainsi que dans la durée d'un *délire*, des *idées*, se succédant sans ordre, ne nous agiteraient point, notre sentiment intérieur ne dirigeant plus les mouvemens du fluide nerveux pendant les paroxismes de ces maladies.

La mémoire, les songes, les accès de délire, ainsi que ceux de la folie, rappellent donc diverses de nos *idées* acquises, soit parmi celles qui sont *simples*, soit du nombre de celles qui sont *complexes*. Nous ferons bientôt connaître la nature et le mode de formation de ces dernières.

Une remarque importante à faire, est que, sans ordre dans nos *idées*, sans une sorte de classement parmi elles, nous ne pourrions nous les rappeler avec assez de méthode pour en communiquer une suite, pour raisonner, pour prononcer un discours suivi, composer un ouvrage convenablement divisé. Or, par les efforts que nous faisons pour mettre de l'ordre dans nos *idées*, à mesure que nous en acquérons, les *idées* elles-mêmes se classent dans notre organe en s'y imprimant : en sorte que plus nous varions nos observations, nos pensées, nos *idées* acquises ; plus, dans notre organe, il se forme de compartimens divers, pour recevoir l'impression des idées qui sont différentes par leur nature : des faits très-connus attestent qu'il en est ainsi. Lorsque quelque cause de désordre parvient à altérer l'organe dans tel de ses compartimens, les *idées* qui s'y trouvaient imprimées, participent au désordre, ne se montrent plus dans leur état ordinaire, ne sont plus régies par le jugement propre à l'individu.

Les *idées* primaires peuvent être divisées en deux sortes : celles qu'on a d'objets simples, ou considérés dans l'ensemble de leurs parties, et celles que l'on se forme d'objets collectifs. L'*idée* que j'ai d'un mouton, d'un bœuf, est une *idée* simple d'un objet simple ou individuel; celle que j'ai d'un troupeau, est une *idée* encore simple, mais d'un objet collectif. Ces *idées* ayant été acquises par la sensation, elles sont donc des idées simples, c'est-à-dire, du nombre de celles qui ne sont pas le produit d'*idées* déjà acquises, et qui, pour se former, n'ont pas exigé l'emploi d'autres *idées*.

Cependant, la considération suivante ne doit pas être oubliée : elle importe à la justesse des *idées* que nous pouvons nous former concernant le sujet que nous traitons : la voici.

Généralement, toutes nos *idées primaires* n'ont été acquises que par comparaison : il a fallu avoir vu plusieurs corps différens, avant d'avoir pu acquérir, par la sensation, l'idée d'un corps; il a fallu avoir touché des corps durs, pour avoir pu acquérir, par la voie du tact, l'*idée* d'un corps mou, et réciproquement. Mais à l'égard des *idées simples*, si les comparaisons furent nécessaires, elles furent en quelque sorte machinales, c'est-à-dire, furent, ainsi que leur résultat, le produit du sentiment intérieur qui porte l'individu à exécuter un jugement; tandis que, relativement aux *idées* complexes, nous verrons que leur formation est uniquement le produit d'actes d'intelligence provoqués tous par la volonté.

Je viens d'exposer le mécanisme de la formation des *idées primaires*, de celles qui proviennent immédiatement de la sensation, et qui résultent d'impressions reçues par nos sens, sur lesquelles notre attention s'est fixée. Sans doute, ce mécanisme n'est point différent de celui que je viens de décrire; car tous les faits d'observation qui concernent les *idées*, ainsi que les conditions de leur formation, attestent qu'il est le même que celui que je viens de signaler. Considérons maintenant ce que sont les *idées* complexes, quelle est leur source, et comment il est probable qu'elles se forment.

Des idées complexes, ou *de celles qui ne proviennent pas directement de la sensation.* — Je nomme *idées complexes*, toutes celles qui résultent d'actes organiques, s'opérant entre des idées ou avec des *idées* déjà acquises. Conséquemment, tout individu qui n'aurait point d'*idées* simples, ne saurait se former une seule *idée complexe*.

Les *idées simples* ou primaires, étant, comme on l'a vu, le produit immédiat de sensations remarquées, n'ont pas exigé, pour se former, la possession préalable d'*idées* déjà acquises; aussi ce sont les premières que nous ayons pu acquérir après notre naissance, et que nos divers sens, ainsi que notre expérience, concourent à perfectionner; ce qui est bien connu. Il n'en est pas de même des *idées complexes* : celles-ci ne sont jamais le produit direct d'aucune sensation; mais celui d'opérations de notre entendement, qui s'exécutent entre des idées déjà existantes, déjà imprimées dans notre organe. Elles sont donc nécessairement postérieures aux premières *idées* acquises. Or, comme les premières *idées* ne peuvent s'obtenir que par la voie des sensations, et qu'avec celles-ci on en peut former de *complexes*, comme avec ces dernières on en peut former d'autres qui le sont encore, mais d'un degré plus élevé, et ainsi de suite, il en résulte que toutes les *idées complexes* proviennent indirectement de la sensation, et qu'en dernière analyse, toute *idée* quelconque a pris sa source dans la sensation : ce que les anciens avaient aperçu, et ce qui constitue notre second principe, exposé au commencement de cet article.

Ainsi, toute *idée complexe* en renferme réellement plusieurs autres, soit simples, soit compliquées, dans un degré quelconque, puisque ces autres *idées* furent nécessaires à sa formation : en l'analysant, on peut effectivement les y retrouver.

Par exemple, les *idées* que nous avons de la vie, de la nature, de la végétation, etc., etc., sont des *idées complexes ;* celles que nous avons de l'amour, de la haine, de la crainte, etc., le sont pareillement ; et ces *idées* en renferment beaucoup d'autres.

Il s'agit maintenant de savoir, s'il nous est possible de déterminer le mode physique de la formation de ces *idées complexes* ; et si, en nous aidant de ce que nous savons déjà, relativement aux *idées* simples, nous pouvons parvenir à assigner le mécanisme le plus probable des *idées* dont il s'agit.

Pour préparer et faciliter la solution de cette question difficile, je crois devoir présenter les deux considérations suivantes, et pouvoir m'en autoriser dans cette recherche.

1°. Tout ce que nous observons ou pouvons

observer, ne concerne que les objets que la nature nous présente ou que les faits qu'elle exécute elle-même. Or, ces objets et ces faits sont nécessairement physiques ; car elle n'a d'autre domaine que la matière, que les corps qui en sont formés ; et c'est avec ces objets qu'elle opère les faits et les différens phénomènes que nous observons ;

2°. La formation des *idées* simples est évidemment le résultat d'actes organiques, et conséquemment de faits parfaitement physiques ; je crois l'avoir clairement établi. Pourquoi celle des *idées complexes*, quoique sans doute plus difficile à saisir, ne serait-elle pas un résultat de même nature ? Peut-il y avoir là quelque chose qui soit réellement *métaphysique ?* On a tellement senti que ce mot pouvait être vide de sens pour nous, qu'on l'a appliqué, ainsi que je l'ai dit, à exprimer nos raisonnemens, nos conséquences, nos principes, afin de pouvoir y attacher des *idées.* Mais ces raisonnemens, ces conséquences, etc., sont encore des produits d'actes organiques ; ce qu'on n'avait pas prévu : le mot *métaphysique* doit donc être supprimé, comme n'exprimant rien dont nous puissions avoir une connaissance positive.

Maintenant, je vais exposer ce qui me paraît

possible, probable même, à l'égard des moyens organiques que la nature a pu employer pour la formation des *idées complexes*.

Si, à la suite d'un intérêt ou d'un besoin senti, le sentiment intérieur ému, peut mettre en mouvement le fluide nerveux, le diriger sur les traits déjà imprimés de l'*idée* qui est relative à cet intérêt, et rendre aussitôt cette *idée* sensible ou présente à l'esprit de l'individu; l'on conçoit que, par un autre intérêt ou besoin, le sentiment intérieur également ému, peut diriger à la fois le fluide nerveux sur les traits imprimés de plusieurs *idées* différentes, relatives à cet autre intérêt, et les rendre simultanément présentes à l'esprit ou à la pensée. Or, les traits de chacune de ces idées parvenant tous à se réunir, à se faire ressentir dans un espace circonscrit, y formeront nécessairement un ensemble de traits divers mélangés; et cet ensemble, rendu sensible à la pensée, y présentera un rapport, une conséquence, en un mot, une *idée complexe* du premier degré. Cette nouvelle idée formera, pour l'individu, la conséquence des différentes *idées* employées dans l'opération, et sera l'acte de *jugement* que l'organe de l'intelligence a la faculté de faire.

Ainsi, l'acte de l'entendement qui donne lieu à la formation d'une *idée complexe*, est toujours un jugement, lorsqu'il n'est point fantastique, comme ceux que l'*imagination* a le pouvoir d'exécuter. Enfin, ce jugement n'est lui-même qu'un rapport entre plusieurs idées réunies, qu'une *idée* intellectuelle, résultant d'un ensemble qui a pour forme celle du mélange d'idées qui le compose, ce mélange étant lui-même un objet physique. Cette forme, sans contredit, est une image, mais qui devient d'autant plus obscure que l'idée complexe qu'elle représente est d'un degré plus élevé.

Dans les *idées complexes* du premier degré, les *idées* primaires se font encore ressentir; et, par cette voie, les *idées complexes* dont il s'agit peuvent facilement se fixer dans la mémoire. Mais quant à celles de degrés supérieurs, ce n'est le plus souvent qu'à l'aide d'un prestige que nous les rappelons, et ce prestige s'attache à l'expression que nous avons choisie pour les désigner. Ainsi, par les mots *philosophie*, *politique*, etc., nous désignons des *idées complexes*; et ces mots que nous avons l'habitude d'entendre prononcer, de voir tracer sur le papier par l'écriture ou l'impression, se fixent assez facilement dans la mémoire, à l'aide de ces voies physiques.

Comme on l'a bien observé, les mots nous

ont considérablement aidés à étendre le nombre de nos *idées complexes* et à agrandir nos facultés d'intelligence. Mais, ne pouvant nous procurer presque aucun avantage qui ne soit accompagné d'inconvéniens, il est résulté, à l'égard du sujet dont il s'agit, que la plupart des hommes ne considérant que les mots employés, sans s'inquiéter positivement des *idées* qu'ils doivent exprimer, chacun les interprète à sa manière, selon ses lumières, son goût et ses penchans; et ce moyen, si utile dans un juste emploi, a ouvert une voie favorable pour abuser la multitude, pour l'égarer, et pour l'asservir.

Je n'entrerai pas ici dans des détails nombreux, quoique nécessaires pour faire connaître les différens ordres ou degrés de nos *idées complexes*. C'est une tâche qui ne peut être entreprise que dans un ouvrage spécial. Je ne dirai rien non plus des *idées* arbitraires qui appartiennent au champ de l'*imagination*, me réservant d'exposer ailleurs ce qu'il y a d'essentiel à connaître à leur égard. Il me suffit d'avoir montré ici la nature et la source de nos *idées complexes* : je vais seulement dire un mot de ce qu'on nomme *idées dominantes*.

Idées dominantes. — On donne ce nom à

certaines *idées* particulières qui, sans cesse provoquées par le sentiment intérieur de l'individu, sont presque continuellement présentes à son esprit, dominent ses autres idées, et en affaiblissent ou même en anéantissent l'influence.

Une *idée* est plus ou moins profondément gravée dans l'organe et plus ou moins souvent présente à l'esprit, selon l'intérêt plus ou moins grand que l'objet qui y a donné lieu nous inspire. De là résulte que toute *idée* qu'un grand intérêt excite, ou qui est la suite d'un penchant accru et même changé en passion, devient *dominante*, et efface en quelque sorte toutes les autres *idées* acquises, étant presque la seule qui soit sans cesse rendue présente à l'esprit. Telle est l'*idée* devenue *dominante*, dans l'amant, qui ne voit que l'objet de son amour; dans l'avare, qui ne pense sans cesse qu'à accroître son trésor; dans l'homme cupide, qui ne considère dans toutes choses que le profit ou le gain; dans l'ambitieux, qui n'est jamais satisfait de son pouvoir, etc., etc.

Parmi les *idées* dominantes, il en est qui, soit toujours présentes à l'esprit, soit d'une violence extrême, et qu'une passion quelconque maintient ou accroît encore, affectent tellement l'organe producteur de leurs actes, qu'elles y causent des altérations quelquefois très-considérables. En effet, l'habitude de fixer notre attention sur certains objets, sur certaines *idées*, lorsque ces objets ou ces *idées* nous intéressent beaucoup, ou nous ont fortement frappés, amène les *idées* excessivement dominantes dont je parle ; et si ces *idées* sont fortifiées par quelque passion, les effets qui en résultent peuvent être portés si loin qu'ils altèrent tout-à-fait à la fin notre jugement à l'égard des objets ou des sujets particuliers que ces mêmes *idées* ont en vue. Or, comme cet excès surpasse, par son pouvoir, les forces de l'organe en qui s'exécutent les actes d'intelligence qui en dépendent, cet organe alors en éprouve des altérations notables, et nous cessons de maîtriser notre attention qui se reporte toujours, malgré nous, sur les mêmes objets ou les mêmes *idées*. Le plus faible degré de ce désordre amène les *manies*; et l'on sait que, parmi les individus de notre espèce, cette maladie du cerveau est des plus communes. Mais lorsque, par le concours de quelque passion exaltée, le désordre dont il s'agit devient extrême, l'organe éprouve, par paroxismes, des agitations presque convulsives; et alors se forment en nous des visions de diverses sortes qui nous abusent complètement, semblent même nous poursuivre, et nous font agir comme si c'étaient des réalités. Ces désordres, ces visions ou *hallucinations* sont des espèces de délires dont il importe de connaître la source, pour les prévenir ou pour travailler à leur curation.

On a dit, avec raison, *mens sana in corpore sano;* sentence qui exprime une vérité positive, savoir : que notre esprit n'est sain que lorsque les organes qui nous en donnent les facultés le sont pareillement. Or, le vrai caractère d'un esprit sain, dans un individu, consiste à maîtriser parfaitement, dans la veille, son attention, ses pensées, son jugement, lesquels actes sont toujours alors dirigés par son sentiment intérieur sans difficulté.

Dès qu'on est parvenu à connaître le mécanisme de la formation des *idées*, que l'on sait que ce sont des images imprimées dans l'organe propre à les recevoir, et qu'il suffit que le fluide nerveux agité vienne traverser les traits de ces images pour leur communiquer un ébranlement qui se propage jusqu'au foyer de l'esprit, lequel lui-même en étend la commotion légère jusqu'à celui du sentiment intérieur ; alors le voile qui nous cachait le mécanisme des différens actes d'intelligence est facile à lever, le merveilleux à leur égard s'évanouit bientôt, et les plus beaux phénomènes de l'organisation animale rentrent dans l'ordre général des faits physiques dont les causes sont susceptibles d'être reconnues.

La considération des *idées* dominantes, de leur source, de leur pouvoir, de la presque impossibilité de les changer ou de les anéantir dans les individus en qui diverses circonstances de situation les ont développées, étant réunie à celle des penchans qui ont pu s'accroître en eux, présente l'objet le plus important à suivre pour arriver à la connaissance des principales causes de la plupart des actions des hommes, pour expliquer pourquoi tel individu, selon sa position dans la société et son degré d'intelligence, est tel qu'on l'observe; enfin pour déterminer, jusqu'à un certain point, ce que sera tel autre, lorsqu'il se trouvera dans telle circonstance.

Tous les hommes ont généralement les mêmes penchans; mais ces penchans ne se développent point également dans chacun d'eux; les différences qui se trouvent dans la situation particulière des individus, ainsi que celles de leur état physique, en apportant de grandes dans les penchans qui peuvent se développer en eux.

Les causes très-puissantes que je viens de citer, et jusqu'à présent à peu près ignorées, parce qu'elles ne furent point prises en considération, constituent l'important mystère de la source des actions des hommes ; mystère qui fut toujours impénétrable à la pensée des philosophes et des plus profonds moralistes, puisque aucun d'eux ne sut le découvrir.

Extrait du nouveau Dictionn. d'Hist. nat. édition de Déterville.

CHAPITRE II.

Du jugement et de la raison.

On donne le nom de *jugement* à tout résultat de comparaisons faites par l'esprit entre plusieurs idées différentes. En effet, toute opération qui s'exécute dans l'organe de l'intelligence, entre deux idées ou davantage qui sont à la fois rendues présentes à l'esprit, y constitue une comparaison entre ces idées, et amène pour résultat une idée nouvelle et souvent plusieurs; or, ce résultat est le jugement que nous obtenons de la comparaison des objets dont il s'agit.

L'opération qui amène ce résultat consiste en ce que plusieurs idées étant à la fois rendues présentes à l'esprit, à l'aide du fluide nerveux, les traits de chacune d'elles, mis en mouvement, se réunissent alors, soit en mélange, soit plutôt en opposition, et forment aussitôt, dans l'espace que je nomme le *foyer de l'esprit*, un ensemble de traits divers, ensemble qui constitue une figure, une image nouvelle. Or, cette image offrant les rapports entre les idées employées, et faisant ressortir les différences qui les distinguent, caractérise l'*idée nouvelle*, amenée par l'opération. A l'instant, cette idée devient sensible ou perceptible à l'individu, étant transmise à son sentiment intérieur par la communication qui existe entre le foyer de l'esprit et celui des sensations; et aussitôt le sentiment dont il s'agit la renvoie dans l'organe de l'intelligence où il la fixe en l'y imprimant. C'est aux rapports, aux différences, aux particularités que présente cette même idée, que nous donnons le nom de *conséquence*, de *jugement*; et c'est à l'acte particulier qui s'exécute dans l'organe de l'intelligence, et dont je viens d'esquisser l'ordre probable, qu'est dû le résultat qui constitue tout jugement quelconque. Ainsi, *juger*, c'est prononcer entre différens objets comparés, et comme ce *prononcé* constitue une idée complexe et nouvelle que le sentiment intérieur renvoie et fixe dans l'organe de l'intelligence, nous avons la faculté de nous la rappeler au besoin. Pour saisir ma pensée à cet égard, voyez ce que j'ai dit au chapitre des *idées*, en traitant de celles qui sont complexes, et surtout l'article *intelligence*.

Le jugement, pour l'homme, ou autrement son pouvoir de juger, est, de toutes ses facultés, celle qui est la plus importante ; celle à laquelle il peut parvenir à donner l'étendue la plus considérable ; celle alors qui peut mettre entre lui et tous les autres êtres intelligens de notre globe, une distance énorme en l'élevant infiniment au-dessus d'eux ; celle qui constitue seule le but de l'intelligence, laquelle tend à tout connaître, à *juger* convenablement tous les objets ; celle, enfin, qui peut lui donner une supériorité, une dignité, qu'aucun autre être ici connu ne saurait égaler. Mais la dignité dont je parle, n'est pas le propre de tout homme, comme je le montrerai.

En naissant, l'homme n'apporte aucune idée acquise, et n'a encore exécuté aucun jugement ; il ne possède alors qu'une seule source d'action, que celle que constitue l'*instinct*. Mais, bientôt après, il en acquiert une seconde ; car, parmi les objets divers qui frappent alors ses sens, son attention, excitée par les sensations qu'il reçoit, commence à s'exercer. Il la fixe, effectivement, sur certains de ces objets, les compare à d'autres, et *juge* enfin. Le voilà donc possesseur d'une idée ; de celle d'un des objets qui ont frappé ses sens, qu'il a remarquée et comparée à d'autres ; d'une idée, en un mot, qui s'est imprimée dans son organe, et qui, dès lors, peut déterminer sa *volonté d'agir*. Il possède donc maintenant la seconde source d'action qui lui manquait lorsqu'il était privé d'idées; il peut *vouloir*.

Non-seulement toute sensation ne donne pas une idée, car j'ai fait voir qu'il n'y a que celles sur lesquelles notre attention s'est fixée qui puissent nous en faire obtenir; mais, en outre, il faut qu'il y ait eu comparaison entre l'objet remarqué et d'autres objets aussi remarqués, et qu'il en soit résulté un jugement.

Par exemple, s'il était possible, ou s'il arrivait qu'un individu, après sa naissance, ne reçût qu'une seule sensation, que son attention ne pût se fixer que sur un seul objet, et même que sur une face ou une particularité de cet objet, il ne pourrait faire aucune comparaison, ne *jugerait* point, et sans doute n'obtiendrait aucune idée de l'objet dont il est question. Aussi est-il reconnu que nous ne *jugeons* que par comparaison; que, conséquemment, nous ne distinguons les objets qu'après les avoir remarqués, les avoir comparés à d'autres, et les avoir *jugés*. C'est donc toujours par le jugement que nous obtenons des idées et des connaissances diverses.

Puisque nous ne jugeons que par comparaison, il s'agit de savoir si nos comparaisons sont toujours justes, toujours bien faites, toujours complètes. Or, l'observation nous apprend que toute action est susceptible de perfectionnement, et que ce perfectionnement s'acquiert non-seulement par l'exercice, comme première condition, mais, en outre, à l'aide de moyens particuliers et de circonstances qui sont nécessaires pour l'accroître.

En effet, comme nos autres facultés, celle de *juger* s'accroît, s'étend et se perfectionne en nous, à mesure que nous l'exerçons davantage; elle s'étend et se perfectionne surtout à mesure que, variant et multipliant nos idées, nous les rectifions successivement l'une par l'autre, ainsi que les jugemens qui nous les ont fait obtenir. Ceux-ci acquièrent donc graduellement une rectitude d'autant plus grande, que nos idées et nos connaissances sont plus multipliées, plus diversifiées. Cette considération est très-importante : elle trouve déjà des applications dans beaucoup de nos jugemens de faits; mais c'est surtout pour ceux de nos jugemens qui emploient des idées complexes, qu'elle offre une application essentielle; et tous nos raisonnemens sont dans ce cas.

Il résulte de cette vérité, partout constatée par l'observation, que, dans tout pays où la civilisation existe depuis long-temps, la *rectitude et l'étendue du jugement*, dans les individus de notre espèce qui y vivent, s'offrent nécessairement en une multitude de degrés divers, qui sont tous en raison de ce que les individus dont il s'agit ont plus exercé leur jugement, ont plus acquis d'idées et de connaissances diverses. Or, comme la différence de situation de ces individus varie extrêmement dans la société, par le fait même de l'ordre et de l'état de choses que la civilisation a établis; comme les uns, ne possédant rien ou presque rien, sont obligés d'employer tout leur temps à des travaux en général grossiers et toujours les mêmes, afin de pouvoir subsister; ce qui borne extrêmement les idées qu'ils peuvent acquérir et les réduit à n'en posséder que dans un cercle fort étroit qui leur suffit; tandis que d'autres, dans des situations graduellement plus aisées, ont proportionnellement plus de temps, plus de moyens pour étendre et diversifier les leurs; il est donc de toute évidence que, parmi les hommes d'un pays dans le cas cité, la *rectitude* et l'*étendue* du jugement des individus doivent offrir une suite fort grande de degrés tous différens les uns des autres, présentant des supériorités de plus en plus considérables entre ces mêmes individus.

De là, l'existence réelle d'une *échelle* relative à l'intelligence des individus de l'espèce humaine, depuis que celle-ci est sortie de l'état sauvage; échelle dont j'ai parlé dans mes ouvrages, et qui offre, à cet égard, une si grande disparité entre ceux qui appartiennent aux deux extrémités qu'elle présente.

A quelque degré de l'échelle qu'appartienne un individu quelconque, ce degré en est pour lui le terme supérieur; son jugement le lui montre ainsi et ne lui laisse rien voir au-delà. Il conçoit, à la vérité, qu'on peut l'emporter sur lui en connaissances d'objets particuliers dont il ne s'est pas occupé; mais il ne saurait croire que le jugement d'aucun autre puisse avoir quelque part plus de rectitude que le sien. Presque tout le monde ignore, en effet, que le jugement est d'autant plus imparfait, d'autant plus borné, qu'on l'a moins exercé, que l'on a moins d'idées, moins de connaissances, etc.; en sorte que, hors du cercle des idées que l'on a pu acquérir, le jugement, sur lequel on compte néanmoins, est essentiellement sans solidité.

Le jugement est à l'esprit ce que les *yeux* sont au corps; de part et d'autre, l'on ne voit, soit les objets, soit les choses, que par ces moyens; tout paraît donc réellement tel qu'on l'aperçoit.

Mais, dans tous les hommes, l'organe de la vue est à peu près au même niveau; et si les yeux les abusent quelquefois, en général ils les trompent peu, et chacun a des moyens pour corriger les grandes erreurs qu'ils occasionnent. On est loin de pouvoir dire la même chose du jugement. Les degrés de rectitude de cette belle faculté sont si variés, si nombreux, et distinguent tellement les individus entre eux, que, lorsque l'on considère les extrêmes, on trouve une différence énorme entre un homme et un autre.

Sans doute une catégorie de situation, à peu près la même dans la société, comme dans la classe tout-à-fait populaire de tout pays civilisé, classe qui embrasse la principale partie de ses habitans, réduit le jugement de ces derniers à un degré très-inférieur, et les rapproche beaucoup, à cet égard, les uns des autres; mais, hors de cette classe, l'échelle s'étend graduellement en degrés très-différens, relativement aux supériorités de jugement qui distinguent les individus. Or, c'est là qu'il faut chercher la source des contradictions dans l'émission des idées; celle des opinions et des manières de voir si différentes; celle des fausses routes obstinément suivies dans certaines sciences; celle des obstacles qui entravent les progrès de nos connaissances; c'est là aussi ce qui donne tant de facilité à maintenir des préventions et des préjugés dont on se sert habilement pour abuser les hommes, les dominer, etc.

Il est si vrai que ce n'est qu'à une grande diversité d'idées et de connaissances que le jugement doit l'étendue et la rectitude qu'il est susceptible d'acquérir, que des hommes très-versés dans une étude particulière à laquelle ils se sont exclusivement livrés, et où ils ont pénétré jusque dans les plus petits détails, n'ont, en général, qu'un jugement très-médiocre sur tout ce qui est étranger à leur objet, et souvent même apprécient fort mal le degré d'intérêt qui y appartient, comparativement aux autres parties des connaissances humaines. Les hommes dont il s'agit, peuvent être satisfaits de leur manière de *juger*, dans ce qui concerne le cercle ordinaire de leurs idées et ce dont ils se sont particulièrement occupés; mais ne les en sortez pas, car ils ne seraient plus en état de vous entendre.

Ce n'est pas là le propre assurément de ceux qui ont beaucoup varié leurs idées et leurs connaissances; qui ont toujours et partout exercé leur jugement; qui ont pris l'habitude de réfléchir et de penser profondément; qui se sont constamment consacrés à l'observation des faits, sans exclusion d'objets; enfin, qui se sont efforcés de distinguer nos connaissances les plus certaines, des pensées admises comme telles et qui ne sont que le produit de l'opinion. Ceux-là estiment généralement toutes les connaissances positives que l'on peut obtenir par l'observation des faits, et s'intéressent également à toutes les sciences, les appréciant chacune, soit sous le rapport de leur utilité directe pour l'homme, soit sous celui des moyens qu'elles lui procurent pour parvenir à la connaissance de la vérité (1).

Tels sont, dans les deux exemples que je viens de citer, les résultats si différens de la faculté de *juger*, entre les hommes qui, peu exercés à rendre à la fois beaucoup d'idées présentes à leur

---

(1) Comment ne pas reconnaître comme première et principale, puisque toutes les autres sciences en dérivent et y sont liées, celle qui a pour objet l'étude de la Nature et de ses productions! et n'est-il pas remarquable que cette science si importante n'ait encore obtenu qu'un nom (*Histoire Naturelle*), que son étude ne soit pas même commencée, enfin, que les observateurs se soient épuisés en distinctions d'objets, de formes, de nombre, de composition et de situation de parties, et que la nature, ses moyens, ses lois, soient restés dans l'oubli!

esprit, et dont le jugement, conséquemment, ne varie que peu ou presque point les sujets de ses actes, ne peuvent que s'occuper de menus détails, et ceux dont les idées, très-diversifiées, donnent à leur jugement une étendue telle qu'elle leur permet d'embrasser à la fois, par la pensée, les sujets les plus vastes. Ces derniers remontent à la source des choses; les voient bientôt ce qu'elles sont réellement; et, mieux qu'aucun des autres hommes, reconnaissent, dans l'ordre admirable qu'ils observent, dans l'enchaînement et l'immutabilité des lois qui régissent cet ordre, la puissance infinie du SUBLIME AUTEUR de tout ce qui existe!

Le degré de rectitude qu'acquiert le jugement de l'homme, dans l'intervalle qui se trouve entre l'enfance et l'âge mûr, où il parvient à peu près à son terme de développement et de force; ce degré, dis-je, étant alors fort remarquable, a été nommé *raison*. On a considéré celle-ci comme une faculté particulière; tandis que ce n'est qu'un degré acquis, à l'aide de l'expérience, dans le perfectionnement du jugement; degré très-variable dans les individus. Or, ce degré acquérable de perfectionnement, quelque faible qu'il soit, se remarque aussi dans les animaux intelligens, entre ceux d'entre eux qui sont très-jeunes encore, et ceux qui ont obtenu leurs développemens complets.

Je distingue les jugemens de l'homme en deux sortes principales, remarquables et fort importantes à considérer : ce sont ceux que je nomme les *jugemens de faits* et les *jugemens de raison*.

Les *jugemens de faits* sont généralement bornés à nous donner la connaissance des faits; et nous avons vu que toute idée, toute connaissance ne nous est acquise qu'à la suite d'un jugement qui nous la donne.

La connaissance des faits ne peut être positive pour nous que lorsqu'elle résulte directement de nos propres observations; elle peut, néanmoins, acquérir plus de certitude encore, lorsque l'observation des autres la confirme généralement, parce que nous pouvons avoir nous-mêmes mal observé. Mais, parmi les connaissances de faits que nous possédons, il peut s'en trouver beaucoup qui ne nous soient parvenues que par la communication de diverses observations. Or, comme ceux qui les ont faites, peuvent aussi s'être trompés ou avoir mal observé, quelque fondés que puissent être les faits qu'ils nous apprennent, on sent qu'ils sont réellement moins positifs pour nous.

Au reste, les *jugemens de faits* n'emploient que des idées simples, que celles qui proviennent immédiatement des sensations remarquées. Ce sont, en général, les plus solides, parce qu'ils n'exigent point l'emploi d'idées complexes. Ils se bornent à nous faire connaître les corps, leurs qualités diverses, les phénomènes que certains d'entre eux produisent, le mouvement sous tous ses rapports, des portions mesurées de l'espace et du temps, etc.

Nos premiers jugemens, tels que ceux que nous faisons dans l'enfance, ne sont que des *jugemens de faits*; ils nous procurent la connaissance des corps qui nous frappent le plus, ainsi que celle de leurs qualités qui sont les plus apparentes. Pour rectifier ces jugemens, nous avons souvent alors besoin de nous aider de l'usage de plusieurs de nos sens. Plus tard, nous avons souvent encore occasion, dans le cours de la vie, d'exécuter des jugemens de faits; et, par eux, nous pouvons parvenir à connaître quantité de corps, leurs qualités, leurs propriétés, les nombreux phénomènes que divers d'entre eux nous présentent, etc., etc. Tels sont les *jugemens de faits* : et j'ai déjà dit que ce sont les plus solides et peut-être les seuls sur lesquels nous puissions réellement compter. J'ai dit aussi ailleurs, que les résultats de toute opération mathématique nous donnent des connaissances de cet ordre; car chaque résultat, simple ou compliqué, est toujours un fait, et ne dépend jamais de nos raisonnemens. Les règles, les méthodes, les formules, en un mot, les moyens qui nous font parvenir à la connaissance de ce fait, sont seuls des produits de l'art et du génie.

Les *jugemens de raison* n'emploient que des idées complexes, et sont, en cela même, d'un ordre bien différent de celui auquel appartiennent les jugemens de faits. Quoique s'appuyant sur des faits connus, ils ne sont pas le produit de l'observation, mais celui de notre manière de voir, de juger, de raisonner; manière qui est tout-à-fait dépendante de nos idées et de nos connaissances acquises, ainsi que de nos préventions, nos sentimens, nos penchans et nos passions.

Toutes nos idées s'enchaînent plus ou moins; toutes concourent de même à la plus ou moins grande rectitude de nos *jugemens;* aussi avons-nous dit ci-dessus, que notre faculté de *juger* s'étend, s'accroît et se perfectionne en nous, à mesure que nous l'exerçons davantage, et que, variant et multipliant nos idées, nous les rectifions successivement l'une par l'autre, ainsi que les jugemens qui nous les ont fait obtenir.

S'il en est ainsi, nos idées complexes, et surtout nos *jugemens de raison*, en un mot, nos raisonnemens, n'obtiennent une parfaite rectitude que de l'influence d'une multitude d'autres idées qui ont dû diriger l'opération de notre intelligence en les formant.

Ayant défini nos *jugemens de raison*, et ayant montré ce qu'ils peuvent être, je crois devoir les distinguer entre eux par quelques divisions principales, afin de les faire mieux connaître. En conséquence, je les divise : 1°. en jugemens altérés; 2°. en jugemens incomplets; 3°. en jugemens parfaits. Le *jugement* n'est ici considéré que relativement à l'objet jugé; car, quant à l'opération organique qui amène un jugement quelconque, j'ai déjà dit que cette opération est toujours juste.

Les *jugemens altérés* sont ceux qui, outre qu'ils peuvent être incomplets, qui le sont même ordinairement, se trouvent altérés par l'influence : 1°. des préventions de l'individu; 2°. de ses sentimens, ses penchans, ses passions; 3°. d'élémens étrangers, admis parmi ceux qui ont servi à leur opération. Ces jugemens sont donc eux-mêmes de trois sortes; et tous doivent leur principale altération, soit aux influences citées, soit à l'addition d'un ou de plusieurs élémens étrangers qui ne devaient pas entrer dans l'opération. Ce sont là les jugemens de raison les plus erronés, et malheureusement les plus communs. Ceux qui les font ne sauraient s'apercevoir qu'ils ne sont pas justes : ce que j'ai déjà expliqué plus haut.

Je nomme *jugemens incomplets*, ceux qui ne sont point altérés par des influences particulières, ni par l'addition d'élémens étrangers, mais dont les élémens employés à leur opération, quoique très-convenables à l'objet ou au sujet considéré, ne sont pas complets, c'est-à-dire, que toutes les idées qui devaient entrer dans cette opération ne s'y sont pas trouvées réunies. Ces jugemens ne sont point *justes*, et néanmoins ce sont ceux qui approchent le plus de la vérité. Ils sont déjà peu communs; et ce sont, en général, des hommes d'un sens droit, souvent fort instruits d'ailleurs, qui les produisent. Mais il leur manque des idées à l'égard du sujet sur lequel ils croient pouvoir prononcer, puisqu'ils ne font pas usage de toutes celles qui devaient servir à l'opération.

Enfin, j'appelle *jugemens parfaits*, ceux qui ne sont point altérés par des préventions, des préjugés, des passions quelconques, ni par l'addition d'élémens étrangers, et qui, en outre, sont le résultat de la réunion de tous les élémens qui devaient servir à l'opération. Ce sont là les jugemens qui nous font connaître des *vérités*. Ils sont bien rares, sans doute; mais il n'est pas hors du pouvoir de l'homme de parvenir à en produire de cette sorte. En différens temps, il a pu ou dû en paraître de tels dans les discours ou les écrits des hommes qui furent les plus grands observateurs, et à la fois les penseurs les plus profonds; mais les vérités qu'ils ont probablement énoncées n'ont pas été reconnues, ou ne l'ont été que par un très-petit nombre. Cela pouvait-il être autrement?

D'après ce qui vient d'être exposé, on doit reconnaître: 1°. que nos *jugemens de faits* ne sont que des aperçus de faits réels distingués; aperçus qui n'ont besoin que de peu de considérations accessoires pour être solides, et qui ne peuvent être erronés que lorsque nos sens nous trompent, ou que nous observons mal; 2°. qu'au contraire, nos *jugemens de raison*, auxquels nous donnons le nom de *conséquences*, sont généralement très-exposés à l'erreur, puisqu'ils exigent que toutes les considérations essentielles au complément et à la rectitude de ces opérations de notre intelligence, aient été épuisées et mises en œuvre en les formant. Or, puisque nos conséquences sont si exposées à l'erreur, combien nos raisonnemens, de tout genre, ne doivent-ils pas l'être, ces raisonnemens n'étant, comme l'on sait, que des suites de conséquences! Enfin, quoique les premières de celles-ci soient tirées des faits, même de ceux bien observés, qui ne sait qu'entre ces faits considérés et les conséquences que l'on en tire, il y a presque toujours une hypothèse interposée et en quelque sorte cachée? Il est donc évident que l'on peut réellement compter sur les faits bien constatés, tandis qu'on ne le peut pas toujours sur les conséquences qu'on en tire.

Le *jugement* étant la plus importante des facultés de l'homme, puisque c'est celle qui peut l'amener à reconnaître ce que les choses sont réellement, qui peut l'empêcher d'être dupe de l'erreur, en un mot, qui peut lui donner la dignité à laquelle il est le seul être qui puisse parvenir; et cette faculté si avantageuse, obtenant d'autant plus de rectitude et d'autant plus d'étendue et de solidité qu'elle est plus exercée et que les sujets de ses actes sont plus variés; l'homme, dis-je, devrait donc sentir qu'il a le plus grand intérêt à l'exercer, à l'étendre, en un mot, à la perfectionner en variant les sujets de ses jugemens. Or, ce n'est point *juger*, lorsqu'on s'en rapporte aux autres, aux autorités mêmes. Il faudrait que chacun s'efforçât de *juger* soi-même, fît en sorte d'en contracter de bonne heure l'habitude, et eût la sagesse de ne le faire toujours que provisoirement ou conditionnellement; c'est-à-dire, relativement à la somme de connaissances qu'il peut avoir de l'objet qu'il *juge*; car on ne doit presque jamais être sûr d'avoir épuisé toutes les considérations qui se rapportent à cet objet, et l'on doit encore être assuré qu'un plus grand nombre de connaissances, sur le même objet, nous le montreraient alors sous un autre point de vue, c'est-à-dire, nous le feraient *juger* différemment. Voilà pourquoi nous voyons toujours les choses telles que notre jugement nous les présente.

Au lieu de nous porter de bonne heure à exercer notre *jugement*, dès l'enfance, au contraire, on nous force à le soumettre à l'autorité sur une multitude de sujets, et l'on nous en fait contracter l'habitude. Il en résulte que, dans le cours entier de notre vie, les suites de cette habitude nous maîtrisant, nous devenons paresseux à *juger* nous-mêmes; nous trouvons qu'il est plus facile, plus expéditif, souvent plus politique, de nous en rapporter aux autres; l'autorité et l'opinion en crédit remplacent presque partout notre *jugement*: en sorte que l'importante faculté que l'homme tient de la nature, et qui pouvait lui être si avantageuse, étant, pour la presque totalité des nations civilisées, rarement exercée par les individus, ou ne l'étant que sur des choses de peu d'importance, devient presque nulle pour lui, ou du moins n'acquiert que très-peu d'extension, et ne lui sert qu'à l'égard d'objets usuels et de détail. Certes, cet état si remarquable, dans lequel l'homme lui-même s'est laissé entraîner, n'est pas d'une médiocre conséquence parmi les causes qui retardent les progrès éminens qu'il pourrait faire dans la civilisation.

Maintenant, si l'on considère cette immense diversité de degrés d'intelligence qui constituent l'échelle dont nous avons parlé, échelle dont les degrés inférieurs sont toujours occupés par la grande majorité de toute population civilisée; si l'on considère ensuite cette habitude si générale de ne *juger* tout ce qui a quelque importance que d'après les autres, d'après les opinions admises, de manière que l'on n'ose presque examiner soi-même le fondement de celles qu'on adopte; si l'on considère encore que rien n'est plus rare que de rencontrer un homme qui ait l'habitude de penser, de méditer, d'approfondir le fond des choses, de bien juger ses intérêts généraux, ce qu'exigent de lui sa position dans la société et ses devoirs envers elle; enfin, si l'on considère que tous les hommes ont les mêmes penchans, quoique chacun de ces penchans ne se développe qu'en raison des circonstances qui s'y trouvent favorables; que tous sont dirigés, dans leurs actions, par l'intérêt personnel, l'amour-propre, etc.; en un mot, que tous tendent à *dominer* d'une manière quelconque et par tous les moyens; sera-t-il donc si difficile de reconnaître les causes de l'état où l'on voit les habitans de tout pays civilisé, et d'assigner celles de leurs actions, selon la position des hommes dont il s'agit, et selon les circonstances dans lesquelles ils se rencontrent? manquera-t-on, enfin, de moyens pour déterminer les causes de cette extrême diversité dans la manière de sentir, de juger, diversité qui est une source inépuisable de contradictions, de discordes, de destructions, de maux infinis et de toutes sortes qui accablent l'humanité? Je ne le crois pas. *Extr. du nouv. Dict. d'hist. nat., éd. de Déterv.*

De la raison : Qui eût osé penser que la *raison* dont on fait tant de bruit, que l'on regarde comme un être particulier, et que l'on considère comme l'apanage exclusif de l'homme, la refusant en même temps aux animaux intelligens dans différens degrés, ne puisse nous offrir aucun objet fixe, et ne soit réellement qu'une qualité variable et relative, qui n'est exclusive pour aucun être doué de l'intelligence! C'est cependant ce que nous allons essayer d'établir, en déterminant l'idée que l'on doit attacher au mot *raison*. Or, il nous paraît que la raison n'est autre chose que le nom que l'on a donné au degré de rectitude du jugement d'un individu, considéré dans les différens temps du cours de sa vie ; et comme la rectitude du jugement de cet individu peut s'étendre par l'expérience et l'augmentation de ses connaissances, pendant le cours entier de sa vie, et parcourir ainsi une multitude énorme de degrés divers, il en résulte que la raison varie dans l'individu dont il s'agit, comme les degrés de rectitude de son jugement. Ainsi, la raison du même individu, âgé de cinq ans, est fort inférieure à celle qu'il peut avoir à l'âge de dix. Elle sera donc chez lui de plus en plus éminente aux diverses époques de sa vie, s'il a profité de l'expérience, exercé son jugement, et accru ses connaissances, selon les circonstances qui ont pu y être favorables. La raison n'est donc pas *une ;* mais une qualité variable, et toujours relative ; car lorsqu'on la cite, à l'égard d'un individu, c'est aussi toujours à une époque déterminée de la vie de ce dernier qu'on la considère,

Relativement aux individus des classes inférieures de la société, et dans lesquels les idées sont presque toujours réduites à un petit cercle peu susceptible de varier, l'expérience profite rarement, et la raison, aux diverses époques de leur vie, offre peu de différences. Il n'en est pas toujours de même à l'égard de ceux qui composent la classe moyenne de la société et qui jouissent d'une certaine aisance. L'éducation a pu donner à beaucoup d'entre eux l'habitude de l'attention, celle de l'observation, et le goût des connaissances. C'est surtout parmi ceux-là que l'on rencontre des hommes instruits, fort éclairés, ayant une grande rectitude de jugement, et qui sont par suite doués d'une raison forte et même supérieure. Ainsi la raison, n'étant que le degré de rectitude de jugement considéré dans un individu, à une époque quelconque de sa vie, n'est point un être réel ni un objet particulier, mais seulement une qualité relative et variable dont sont susceptibles tous les êtres qui possèdent la faculté de juger, c'est-à-dire, tous ceux qui sont intelligens, dans quelque degré que ce soit. Elle ne saurait donc être l'apanage exclusif de l'homme; quoique ce soit uniquement parmi les individus de son espèce que puisse se rencontrer celle dont le degré est le plus éminent.

CHAPITRE III.

De l'imagination.

L'*imagination* est le nom par lequel on désigne une des plus belles facultés que l'homme puisse acquérir; celle d'inventer, d'imaginer, c'est-à-dire, de former arbitrairement, avec des idées acquises, des idées nouvelles d'un autre ordre que celles qui proviennent de ses jugemens et de ses raisonnemens ordinaires.

En rendant à la fois plusieurs idées présentes à notre esprit, nous les mettons en comparaison, nous en obtenons une idée nouvelle à laquelle nous donnons les noms de *conséquence*, de *jugement :* et l'on sait que les séries de conséquences constituent nos raisonnemens, et que chaque raisonnement amène une conséquence générale relativement aux objets considérés. Or, ce n'est point de ces opérations de notre esprit dont il est ici question, mais de celles qui consistent à former, avec des idées acquises rendues présentes à notre pensée, des idées nouvelles qui ne sont pas des conséquences directes de celles employées, et qui sont, au contraire, ou de nouveaux rapports trouvés entre ces idées, ou des transformations opérées parmi elles par l'*imagination.*

Quoique souvent peu facile à saisir et à limiter, on sent qu'il y a une distinction à faire entre la faculté d'*invention* et celle plus éminente encore qui constitue réellement l'*imagination.*

Inventer, c'est trouver des moyens nouveaux de faire ou d'exécuter quelque chose. La faculté d'invention se bornant à la recherche de nouveaux rapports entre les objets considérés, peut se concentrer dans un ordre particulier d'idées, et l'individu qui la possède, peut y exceller sans être doué d'une grande *imagination.* Cette faculté ne s'appliquant guère qu'à des objets qui nous sont directement utiles, comme aux arts industriels, aux arts mécaniques, etc., il suffit, pour l'obtenir, d'être très-fécond en idées qui concernent l'ordre de celles auxquelles on s'est adonné, et de s'être exercé à les rendre facilement présentes à l'esprit. Mais un individu, très-fertile en inventions dans l'ordre particulier d'objets à l'étude desquels il s'est habituellement livré, peut n'avoir pas assez d'imagination pour se distinguer d'une manière éminente dans quelqu'un des arts libéraux, pour composer, soit un poëme riche en idées et en figures diverses, convenablement employées, soit un morceau d'excellente musique, soit un tableau bien pensé et bien exécuté. En effet, à part du talent d'exécution, sans une *imagination* vaste et féconde, dirigée par un goût épuré, les productions de ces ordres sont sans vie, pour ainsi dire, et sans intérêt.

L'*imagination*, plus rare encore que la faculté d'invention, parce qu'elle est moins bornée, exige, effectivement, beaucoup plus pour être de quelque valeur. Elle nécessite une abondance et une grande généralité d'idées diverses, un tact et un goût sûr formés par la comparaison de tout ce qui a été produit de beau par le génie, et surtout l'habitude de rassembler les idées acquises, de les rendre présentes à l'esprit, et de s'exercer à en faire des combinaisons différentes, des contrastes, des transformations même, qui amènent, presque sans limites, des idées nouvelles.

Imaginer, c'est former des images : or, j'ai fait voir que toute idée constitue nécessairement une image qui se fixe en s'imprimant dans notre organe ; sa conservation dans cet organe atteste effectivement qu'il en est ainsi. On sait que, lorsqu'on *imagine*, comme lorsqu'on juge, on produit chaque fois une idée nouvelle ; conséquemment on donne lieu à la formation d'une nouvelle image qui s'imprime aussitôt dans l'organe. On a donc eu depuis long-temps le sentiment de ce fait, puisque les mots *imaginer* et *imagination* ne sont pas nouveaux dans notre langue.

Ainsi, l'*imagination* est cette faculté créatrice d'idées nouvelles, que l'organe de l'intelligence, à l'aide des pensées qu'il exécute, parvient à acquérir, lorsqu'il contient beaucoup d'idées, qu'il est exercé à les rendre présentes à l'esprit, et que celui-ci, au lieu de chercher à en obtenir des conséquences, les modifie arbitrairement pour en former de nouvelles à son gré.

Cette faculté plaît, en général, à l'esprit de l'homme, lui offre un refuge dans sa pensée, dans ses illusions même, lorsque les peines inséparables de la vie le tourmentent ou l'accablent, et amène les plus beaux produits lorsque ses actes sont dirigés par le goût et avec un discernement convenable. On l'a considérée mal à propos comme sans limites, parce qu'on ne l'a point approfondie, qu'on n'en a connu ni la nature, ni les moyens qu'elle est obligée d'employer et qui la bornent.

Les idées acquises par la voie de la sensation, ainsi que celles qui en proviennent, sont les uniques matériaux des actes de l'*imagination*. Elle les emploie arbitrairement, comme je l'ai dit, pour en former des idées nouvelles ; mais elle ne peut employer que celles-là : hors de là, elle est absolument sans pouvoir.

« Effectivement, que l'on considère toutes les idées produites par l'*imagination* de l'homme, on verra que les unes, et c'est le plus grand nombre, retrouvent leurs modèles dans les idées simples qu'il a pu se faire à la suite des sensations qu'il a éprouvées, ou dans les idées complexes qu'il s'est faites avec les idées simples, et que les autres prennent leur source dans le contraste ou l'opposition des idées simples et des idées complexes qu'il avait acquises. »

« L'homme ne pouvant se former aucune idée solide que des objets ou que d'après des objets qui sont dans la nature (et qui ont pu frapper ses sens), son intelligence eût été bornée à l'effectuation de ce seul genre d'idées, si elle n'eût eu la faculté de prendre ces mêmes idées ou pour modèle, ou pour contraste, afin de s'en former d'un autre genre. »

« C'est ainsi que l'homme a pris le contraste ou l'opposé de ses idées simples acquises par la sensation ou de ses idées complexes (qu'il a obtenues des premières), lorsque, s'étant fait une idée du fini, il a imaginé l'*infini*; lorsque, ayant conçu l'idée d'une durée limitée, il a imaginé l'*éternité*, c'est-à-dire, une durée sans limites; lorsque, s'étant formé l'idée d'un corps ou de la matière, il a imaginé l'*esprit* ou un être immatériel, etc., etc. : *Philosophie zoologique*, vol. 2, pag. 412 et suiv.

Hors de l'emploi des oppositions ou des contrastes pris à l'égard des idées acquises, tout produit de l'*imagination* montrera toujours le modèle employé dans des idées qui proviennent de la sensation, soit directement, soit indirectement.

Qu'un poëte, pour la commodité de ses fictions, *imagine* un griffon ou un hippogriffe, que peut-il nous présenter, sinon un animal auquel il donne arbitrairement des parties ou des traits de divers animaux connus, afin d'attribuer à l'être fabuleux qu'il compose, des facultés favorables à son histoire! Si l'on a voulu déterminer les peines réservées aux méchans après leur mort, comment l'a-t-on fait, si ce n'est en citant les causes de tourment et de douleur que la sensation a fait connaître! Si nous examinons les différentes mythologies, les ingénieuses fictions des poëtes, les romans féeriques, enfin les contes et les fables inventés pour notre amusement ou notre délassement, et dans lesquels les auteurs, s'affranchissant de la considération de ce qui est possible, ont créé tout ce qu'ils ont pu imaginer; qu'y verrons-nous, sinon, partout, l'emploi d'idées qui retrouvent leurs modèles dans celles que nous nous sommes procurées par la sensation, et jamais d'autres? Que de citations je pourrais faire à l'égard des produits de l'*imagination* de l'homme, si je voulais montrer que partout où il a voulu créer des idées quelconques, ses matériaux ont toujours été des idées déjà acquises directement ou indirectement par la sensation, idées qui ont été les modèles de toutes celles qu'il a imaginées!

Il me semble voir un enfant, au milieu d'une quantité considérable de poupées et de joujoux différens, occupé à les démembrer pour en composer un de toutes pièces, selon sa fantaisie. Quelque bizarre que soit sa composition, ce ne sera toujours qu'avec les objets à sa disposition qu'elle sera formée, et jamais autrement.

Ainsi, quoique les idées acquises par la voie de la sensation, présentent à l'esprit de l'homme des combinaisons presque infinies, ce sont uniquement ces idées qui sont les matériaux des actes de son *imagination*. C'est absolument là que se borne le domaine de la belle faculté qu'il peut posséder, et que beaucoup d'hommes illustres ont fait valoir si éminemment.

C'est à son *imagination* que l'homme doit ce champ des fictions et des illusions de tout genre, qui est si fertile en idées agréables ; champ dans lequel sa pensée se complaît si généralement, et dont j'ai parlé dans l'*Histoire naturelle des Animaux sans vertèbres* (vol. 1, pag. 336), en l'opposant à celui des *réalités*.

Dans ce *champ des fictions*, vaste domaine de l'*imagination humaine*, la pensée de l'homme se plaît à s'enfoncer, à s'égarer même, quoique rien n'y soit soumis à son observation, et qu'elle n'y puisse rien constater ; mais elle y crée arbitrairement et sans contrainte, tout ce qui peut l'intéresser, la charmer ou la flatter. Elle y parvient, comme je l'ai dit, en combinant, modifiant, transformant même les idées que les objets du champ des réalités lui ont fait acquérir.

C'est, effectivement, un fait singulier et auquel il paraît que personne n'a encore pensé, savoir : que l'*imagination* de l'homme ne saurait créer une idée qui ne prenne sa source dans celles qu'il s'est procurées par ses sens. Nous l'avons montré plus haut : partout l'*imagination* de l'homme est assujettie à n'opérer ses combinaisons, ses modifications, ses transformations d'idées, que sur des modèles que le champ des réalités lui fournit; modèles qu'elle change à son gré et de toute manière, mais sans lesquels elle ne saurait créer une seule idée quelconque. Voyez *la Philosop. zool.*, vol. 2, pag. 412.

Quoique limitée d'une manière absolue, comme je viens de le dire, la pensée de l'homme, tout-à-fait souveraine dans le *champ de l'imagination*, y trouve des charmes qui l'y entraînent sans cesse, s'y forme des illusions qui lui plaisent, la flattent, quelquefois même la dédommagent de tout ce qui l'affecte péniblement; et, par elle, ce champ est aussi cultivé qu'il puisse l'être.

Parmi les productions de ce champ, la seule peut-être dont l'homme ne puisse se passer, est l'*espérance* : il l'y cultive, en effet, généralement. Ce serait être son ennemi que de lui ravir ce bien réel, trop souvent le seul dont il jouisse jusqu'à ses derniers momens d'existence.

Il en est bien autrement à l'égard de ce que je nomme le *champ des réalités*. La nature toujours la même; ses lois constantes et de tous les ordres, qui régissent tous les mouvemens, tous les changemens; enfin, ses productions de tous les genres, de toutes les sortes, constituent l'immense champ dont il s'agit.

Là, tout est réel et observable, sauf les objets

qui, par leur éloignement, leur situation ou leur état, échappent à nos sens; là, seulement, l'homme peut recueillir les seules connaissances positives qu'il puisse posséder, tout ce qui peut exister et qui ne fait point partie de ce champ, étant absolument hors de ses moyens: là, enfin, reconnaissant que la nature n'est qu'un ordre de choses immense, constant, assujetti, et que ses lois sont toujours efficaces, quoique à chaque changement de circonstances, de nouvelles remplacent celles qui régissaient auparavant, en un mot, remarquant qu'il règne partout une harmonie imperturbable, et que ce bel ordre de choses n'est lui-même qu'un objet créé; sa pensée l'élève alors jusqu'au *Souverain Auteur* de tout ce qui existe, et, mieux que par toute autre voie, l'étude de la nature lui fait connaître la puissance infinie de cet *Être suprême* de qui tout provient.

Quoique le *champ des réalités* soit immense, comme on vient de le voir; quoique ce champ soit le seul qui doive fixer l'attention et les études de l'homme, puisque c'est là seulement qu'il peut recueillir des connaissances solides et utiles pour lui, qu'il peut découvrir des vérités exemptes d'illusions; il le néglige néanmoins et sa pensée s'y complaît difficilement.

Là, effectivement, nécessairement sujette et soumise; là, bornée à l'observation et à l'étude des faits et des objets; là, encore, ne pouvant rien créer, rien changer, mais seulement reconnaître; la pensée de l'homme ne pénètre dans ce champ que parce qu'il peut seul fournir à ce dernier ce qui est utile à sa conservation, à sa commodité ou à ses agrémens, en un mot, à tous ses besoins physiques. Il en résulte que ce même champ est, en général, bien moins cultivé que celui de l'*imagination*, et qu'il ne l'est que par un petit nombre d'hommes, qui, la plupart, y laissent même en friches les plus belles de ses parties. (*Voyez*, pag. 335 du 1er. vol. de l'*Histoire naturelle des Animaux sans vertèbres*, quelques autres détails sur le champ des réalités.)

Sans doute, l'*imagination* de l'homme est une de ses plus belles facultés; mais comme elle est susceptible de degrés différens, à raison de l'état des idées et des connaissances des individus qui sont parvenus à l'obtenir, qu'elle est à peu près nulle dans ceux qui ne possèdent qu'un petit cercle d'idées ou qui n'en ont guère que dans un ordre particulier; cette belle faculté n'a réellement de valeur que lorsqu'elle est acquise dans un degré un peu éminent. Aussi, dans ses degrés les plus relevés, est-elle extrêmement rare, et les productions de ceux qui la possèdent, font le charme des hommes en état de les apprécier, de les goûter.

Cependant, si l'*imagination*, considérée dans ses degrés les plus relevés, offre un intérêt si grand, cet intérêt néanmoins se borne aux agrémens, aux jouissances que l'homme peut y rencontrer, aux dédommagemens qu'il peut y trouver dans les maux qui l'assiégent : sous ce point de vue, il doit la cultiver.

Mais cet intérêt est bien plus grand à l'égard de l'*étude de la nature :* voilà ce qu'il lui importe de considérer. Tout ici lui devient nécessaire ; car les connaissances qu'il y puisera lui seront essentielles non-seulement pour sa conservation (et cette considération est bien pressante); mais, en outre, pour ses besoins de tout genre, et surtout pour sa conduite dans ses relations avec ses semblables. Ce n'est assurément qu'à l'aide de cette étude qu'il peut parvenir à se connaître lui-même, à saisir les causes des actions des individus de son espèce, selon leur situation et leur état dans la société, selon les moyens qu'ils possèdent, à raison des circonstances où ils se sont rencontrés, etc., etc. Oui, je ne crains pas de l'avancer, la connaissance *de la nature*, de ses lois dans chaque cas particulier, est, de toutes les sciences, la première, la plus utile, la plus importante même pour l'homme. Toutes les autres sciences en dérivent, et n'en sont que des branches qu'il a fallu isoler pour les étudier séparément. On sent bien que je ne borne pas cette connaissance à cet *art des distinctions* dont j'ai tant parlé, à cette nomenclature interminable et si changeante des objets observés, quoique, pour bien des personnes, les distinctions et la nomenclature dont il s'agit, constituent toute l'*Histoire naturelle.*

Ne voulant pas m'écarter de mon sujet, je mettrai ici un terme à tout ce qui se présente à ma pensée. Je crois avoir donné une idée juste de l'*imagination*, et avoir fait sentir l'intérêt de cette belle faculté de l'homme, quoique assurément bien rare, lorsqu'il s'agit de ses degrés les plus éminens; mais aussi je crois avoir montré que sa culture est fort inférieure en importance à celle de l'étude de la nature.

Extr. du nouv. Dictionn. d'Histoire natur., édit. de Déterville.

Dans le cours de cette seconde partie, nous avons essayé de montrer ce qu'est réellement l'homme, ce qu'il doit à la nature, ce qu'il tient d'elle, les penchans qu'elle lui a donnés, les grandes influences que ces penchans ont sur ses actions, l'éminence de ses facultés diverses, et les moyens nombreux qu'il possède par leur voie. Il s'agirait actuellement de considérer ce qu'avec ces moyens, il a su faire pour sa conservation, pour son bien-être, ses jouissances diverses, enfin, pour satisfaire aux nombreux besoins que ses penchans et ses passions nécessitent presque continuellement pour lui. Certes, je me garderai bien d'entreprendre de pénétrer dans l'immensité des détails que cette considération entraînerait. Je dirai seulement que c'est dans celles des populations où la civilisation est le plus avancée, que furent créés successivement la littérature, les arts libéraux, ceux qui sont mécaniques ou industriels; que furent instituées les sciences, soit physiques, soit mathématiques; que les principes de la politique, tant intérieure qu'extérieure, furent formés; les diverses législations judiciaires, civiles et criminelles établies, ainsi que toutes les autres sortes d'institutions que l'état de cette civilisation comporte.

Ici se termine l'exposé que j'ai voulu faire, d'une part, de la nature et de l'ordre des connaissances positives que l'homme peut acquérir, et, de l'autre part, du champ limité dans lequel seul il peut les recueillir. Le lecteur ne trouvera probablement pas sans intérêt le tracé de ce champ, puisqu'il lui fournira les moyens d'apprécier la valeur de ses pensées, et d'en coordonner la dépendance.

TABLE
DES MATIÈRES.

Discours préliminaire. Page 1
Principes primordiaux. 7
Première Partie. Des objets que l'homme peut considérer hors de lui, et que l'observation peut lui faire connaître 13
Première Section. Des objets nécessairement créés. *Ibid.*
Chapitre premier. De la Matière. 15
Chap. II. De la Nature. 20
Définition de la Nature, et exposé des parties dont se compose l'ordre de choses qui la constitue. 50
Objets métaphysiques dont l'ensemble constitue la Nature. 51
De la nécessité d'étudier la Nature, c'est-à-dire, l'ordre de choses qui la constitue, les lois qui régissent ses actes, et surtout parmi ces lois, celles qui sont relatives à notre être physique. 60
Exposition des sources où l'homme a puisé les connaissances qu'il possède, et dans lesquelles il en pourra recueillir quantité d'autres; sources dont l'ensemble constitue pour lui le *champ des réalités*. 85
Section II. Des objets évidemment produits. 97

CHAP. Ier. Des corps inorganiques. 100
CHAP. II. Des corps vivans. 114
Des végétaux. 125
Des animaux. 134
DEUXIÈME PARTIE. De l'homme et de certains systèmes organiques observés en lui, lesquels concourent à l'exécution de ses actions. 149
Généralités sur le Sentiment. 161
ANALYSE des phénomènes qui appartiennent au sentiment. 175
PREMIÈRE SECTION. De la sensation. 177
CHAP. Ier. Des sensations particulières. 180
CHAP. II. De la sensation générale. 184
SECTION II. Du sentiment intérieur et de ses principaux produits. 191
CHAP. Ier. Des penchans naturels. 206
CHAP. II. De l'Instinct. 228
SECTION III. De l'intelligence, des objets qu'elle emploie, et des phénomènes auxquels elle donne lieu. 255
CHAP. Ier. Des Idées. 290
CHAP. II. Du jugement et de la raison. 325
CHAP. III. Imagination. 348

FIN.

Défauts constatés sur le document original

www.ingramcontent.com/pod-product-compliance
Ingram Content Group UK Ltd.
Pitfield, Milton Keynes, MK11 3LW, UK
UKHW020303230726
13925UKWH00001B/190